기하학연구서 시리즈 • 2

Lectures on Differentiable Manifolds

미분다양체론

김 강 태 지음

KYOWOO

들어가는 말

이 책은 필자가 펴내고 있는 기하학 연구서 시리즈의 두 번째 책이지만 내용 전개의 순서로 보면 시리즈의 첫 번째 책이어야 옳다는 여러 학자들의 의견에 전적으로 동의한다. 이 책의 내용이 현대기하학의 주요 연구 대상인 미분다양체의 기초 구조를 다루기 때문이다.

미분다양체 연구의 역사는 그리 길지 않다. 아주 올려 잡더라도 1854년 리만 박사의 Habilitation 논문에서 독일어 용어 "Manigfaltigkeit" (라틴어 계열 언어로는 "variete", 영어로는 "manifold" 등으로 정리됨)를 통해 독립적으로 존재하는 추상적인 공간이지만 각 점마다 이를 국소적으로라도 표현해 줄 수 있는 좌표를 가지는 (유클리드 공간처럼) 대상을 지칭하였던 것을 시초로 삼는 것이 보통이다. 어떤 이들은 1828년에 발견된 가우스 교수의 "놀라운 정리(Theorema Egregium)"에서 근원을 찾기도 하지만 근원의 추적은 이 책의 목표가 아니다. 현대적인 다양체의 개념은 1930년 정도가 되어서야 활발하게 탐구되기 시작하였고, 수학적으로 정확한 정의가 등장한 것도 그 이후라고 봐야 하기 때문이다. 여하튼, 이런 선진들의 엄청난 노력으로 미분다양체와 미분 구조가 정립되어 과학 연구 방법론의 토대를 이루는 미적분학을 유클리드 공간을 넘어 일반적인 공간에 옮겨 심는데 성공한 미분다양체 이론은 이제 수학 공부에서 빼놓을 수 없는 주제가 되었다.

일반화를 위한 연구는 대개 현존하는 이론을 보다 깊이 있게 잘 이해하는 데에서 출발하는 수가 많다. 이 책의 제1장도 같은 맥락의 접근방식을 따랐다. 벡터 미적분학에서 출발하여 다양체의 개념과 미분구조가 자연스럽게 등장하는 것을 이해하려 노력하였고, 기술적인 면보다는 원리적인 측면을 열어 보여 주려 했다. 그러나 기술적인 면 역시 무시할 수 없으므로 이후의 이론 전개에 유용한 단위분할(partitions of unity) 기법을 소개하며 1장을 마무리하였다.

제2장은 접공간 개념을 소개하며 시작한다. 다양체는 태생적으로 그 자체가 독립적으로 존재하는 공간이지만, 미분구조는 미분가능한 함수, 특히 실수 값을 가지는 매끄러운 함수들의 집합으로 하여금 대수적인 환(ring)의 구조를 가지게 한다. 이 대수적인 함수환에 미적분학의 방향 미분 연산자 개념을 구성할 수 있으므로, 이를 이용하여 자연스럽게 접공간이 만들어진다. 이로부터 쌍대 접공간이 만들어지며, 다양체 위의 미적분학, 즉 매끄러운 함수의 일차 근사식인 미분과 미분의 표현에 해당하는 개념, 접벡터장과 미분 형식의 정의할 바탕 공간이 되는 접다발과 쌍대 접다발이 소개된다. 미적분학의 음함수 정리가 새로 소개되며 미적분학 이론을 미분다양체에 적용할 준비를 갖추는 것이 2장의 내용이다.

3장에서는 벡터장과 미분형식이 보여주는 초보적인 역학과 기본 연산을 다룬다. 벡터장과 흐름 및 흐름함수가 소개되며, 이를 통해 벡터장과 미분형식에 대한 리(Lie) 미분 및 리 괄호 등의 개념을 배우게 된다. 이런 이론의 고차원 경우에 해당하는 접촉기하의 초보 이론을 공부하는 것은 제4장의 내용이다. 미분다양체 사이에 정의되는 매끄러운 함수 중에 자주 쓰이는 넣음함수, 덮음함수, 부분다양체, 단면 등의 개념과 이들을 이해하고 사용하기 위한 방법론을 공부하며, 음함수 정리의 기하학적인 해석을 배우게 된다. 4장의 꽃에 해당하는 정리는 후반부에 소개되는 프로베니우스 정리이다. 벡터장이 이루는 매끄러운 분포 개념과 이의 제1적분인 적분다양체의 존재성을 공부하게 되는데 이는 다양체의 엽층 구조와 다양체 이론의 응용을 감안할 때 매우 유용한 부분이 아닐 수 없다.

제5장의 내용은 다양체 위의 적분이다. 측도를 이용하는 실해석학의 적분과는 달리 미적분학의 적분 이론을 방향성과 함께 확장한 이 책의 적분 이론은 미분형식에 대한 사슬(chain) 위의 적분을 통해 1계 연립 미분방정식과 위상수학의 코호몰로지 이론을 연계시키는 드람 이론을 소개하는 것을 목표로 한다. 기본적인 수준에서 멈추고 드람 정리 등과 같은 중심정리를 증명하지 않는 아쉬움이 있지만, 여러 모로 유용한 스톡스의 정리는 증명까지 모두 실어 놓았으므로, 독자의 지적 요구를 상당한 수준까지 만족시켜 줄 수 있을 것으로 기대한다.

마지막 장인 제6장은 리군 이론이다. 펠릭스 클라인 교수가 에를랑겐 프로그램이라는 이름으로 유명해진 그의 강연에서 제시하였던 바와 같이, 다양체의 기본 모형인 동질공간, 그 중에서도 대수적인 구조를 가지는 다양체의 이론인 리군 이론은 깊고 넓어서 한 장에 우겨 넣기에는 내용이 너무 많다. 따라서, 기초 이론마저도 겉핥기 수준에 머무를 수밖에 없었다. 이를테면, 저자가 리군 이론 입문의 가장 기본이 된다고 여기는 정리 셋을 소개하기는 하였지만, 증명은 하나만 소개한 것도 같은 이유에서이다. [저자가 생각하는 세 개의 기본 정리란, 리군과 리 대수 사이의 관계 (소푸스 리의 기본정리), 지수함수의 전사성을 다루는 베이커-캠벨-하우스돌프 공식, 행렬 리군의 일반성을 보여주는 아도(Ado)의 정리, 이 셋을 말한다. 하지만 다른 수학자는 달리 생각할 것임에 틀림 없다.] 하지만 일부 내용을 건너 뛴 덕분에 리군이 아닌 동질다양체에 대하여도 조금은 소개할 수 있었다.

연구로 들어가기 위한 "입문서"를 쓰는 저자라면 모두들 만나게 되는 억누르기 어려운 유혹은, 아마도 이론을 조금 더 심도 있게 다루고 싶은 마음이 아닌가 한다. 하지만 이 책의 목표는 미분다양체 이론의 기본을 소개하는 것이므로 그 정도 수준에서 멈추려 노력하였다. (이 책 역시 기하학연구서 시리즈의 다른 책과 마찬가지로 포항공과대학교 수학과 대학원 프로그램의 한 학기 강의 분량이다. 따라서 제한이 있다.)

참고 문헌은 인용이 필요한 페이지에 수록하였고, 따온 내용은 본문 중에 원전을 표시하였기에, 책의 말미에 문헌 모음을 따로 싣지 않았다. 독자들이 즐겨 사용하는 색인은 물론 마련되었는데, 영문 용어와 우리말 용어를 구분하여 실었다. 색인을 되풀이한 셈이지만, 독자가 이런 배치를 편리하다고 여겨 주셨으면 한다. 책 맨 뒤의 찾아보기와 맨 앞의 차례를 이용하면 이 책의 내용을 검색하는 데에 충분하지 않을까 싶다.

2015년 3월 포항공과대학교에서

차 례

1

미분구조, 미분다양체

1.1 함수의 미분 재조명

1.1.1 뉴턴 분수

우리는 **미분** (derivative) 개념을 어느 정도나 이해하고 있을까? "실수 변수 x에 의존하면서 실수값을 내는 함수 $f(x)$에 대한 **뉴턴 분수** (Newton quotient), 즉

$$f'(a) = \lim_{h \to 0} \frac{f(a+h) - f(a)}{h}$$

를 통해 주어지는 양이 미분이다." 라는 정도로만 이해하는 것은 무척 얕은 공부에 불과하다. 뉴턴 분수는 더 넓은 범위의 수학으로 확장해서 쓰기에 불편하기 때문이다.

이런 불편을 해소하기 위해서는 뉴턴 분수의 범주를 넘어서려는 시도를 해야 하는데, 그러기 위해서는 뉴턴 분수를 구성하고 있는 각 부분을 보다 잘 이해하는 것이 좋다.[1] 뉴턴 분수를 구성하는 각 부분은 아래와 같다.

(1) **극한** $\lim_{h \to 0}$: 여기에 쓰인 극한 개념은 실수 직선 (the real

[1]저자는 이 부분에서, 독자의 공감을 끌어내려는 목적을 가지고, **마치 우리가 이런 연구를 지금 시도하는 것처럼** 쓰고 있지만, 실제로는 이 모든 이론이 이미 선배 수학자들에 의해 아주 잘 연구되어 확립된 것이며, 우리는 다만 이를 효과적으로 배우려 할 따름이다.

line) 위에 정의된 표준 위상(standard topology) 개념을 통해 이해하면 되겠다.

(2) h**로 나눈다**: 이 연산은 실수의 집합에 주어진 대수 구조, 즉 사칙연산 중 특히 곱셈과 그 역수를 사용한 것이다.

(3) $f(a+h)-f(a)$**의** "$-$": f가 실수 값을 가지는 함수이므로 이 과정 역시 실수 집합의 대수 구조, 특히 덧셈과 그 역원을 사용한 연산이다.

(4) $a+h$: 이것은 물론 두 실수의 덧셈이지만 함수 값의 계산이 아니고 함수의 정의역에 속하는 a를 $+h$라는 계산을 통한 위치 이동으로 생각하는 것이 원래 미분 개념을 발견한 이들의 구상이다. 여기에서는 이 위치이동 연산의 결과인 $a+h$가 함수의 정의역에 머물러야 함을 지적해 둔다.

이렇게까지 자세히 분석하는 이유가 무엇이겠는가? 다음 절에서 계속 살펴 보기로 하자.

1.1.2 미적분학을 일반적인 공간으로

위에서 미분 개념에 대한 세밀한 토의를 시작한 이유는 미적분학이라는 위대한 방법론을 기존의 실수 직선보다 더 일반적인 "평평하지 않은" 공간에도 적용할 수 있도록 응용의 범위를 넓히려는 시도, 즉 "일반화"를 얻어 내고 싶은 의도 때문이다.

극한

먼저 극한부터 생각해 보자. 극한값을 택한다고 할 때 수렴하는 수열의 극한값이 여러개 나온다면 위의 뉴턴 분수의 값이 유일하지 않게 될 가능성이 생겨서, 연구에 불편하다. 따라서 이를 피하기 위해 수렴하는 수열의 극한값이 유일하게 결정될 위상공간을 선택하는 것이 적절할 것이다. 이런 위상공간은 T_2, 즉 하우스돌프 (Hausdorff) 공간이니까 우리의 공간은 하우스돌프 공간인 것으로 제한하고, (1)에서 시작되었던 토의는 이 정도에서 멈추기로 하자.

그렇다면, T_2 위상공간이라는 조건만으로 공간에 미분 이론을 전개할 수 있겠는가? 독자는 이 시점에서 앞의 토의 항목 (2), (3), (4)를 떠올릴 것이고, 조금 깊이 생각해 보면 곧, 그게 모두 실제로 점검해야 할 점이었다는 의견에 조금 더 동의하게 되었을 것이다. 계속 검토해 보기로 하자.

벡터로 나눌 수 없으므로

지금은 실수값을 가지는 함수를 다루고 있으므로, 항목 (3)은 문제 없으니 그건 그대로 두면 되겠다. 항목 (2)는 어떤가? 이 부분은 좀 문제가 심각하다. 굳이 추상적인 위상공간까지 생각하지 않고 2차원 평면 $\mathbb{R}^2$만 생각하더라도 함수 $f : \mathbb{R}^2 \to \mathbb{R}$의 미분계수를 수식

$$\lim_{(h,k)\to(0,0)} \frac{f((a,b)+(h,k)) - f(a,b)}{(h,k)} \qquad (1.1)$$

으로 정의하는 것이 불가능하기 때문이다.

불가능하다고 하는 이유는 어디에 있는 것일까? 다시 처음부터 점검해 보자. 먼저, 극한은 어떤가?

그건 문제 없다. 점 (h, k)가 원점 $(0, 0)$에 수렴한다는 것은 $\sqrt{h^2 + k^2}$이 0으로 수렴한다는 것으로 이해하면 되기 때문인데, 평면 $\mathbb{R}^2$의 표준 위상을 사용한 것이므로 정확하다. 함수값의 뺄셈도 문제 없고, 벡터의 덧셈을 이용하여 $(a, b) + (h, k) = (a + h, b + k)$로 쓸 수 있어서, 거기에도 문제가 없다. 그런데... **벡터** (h, k)**로 나누는 것이**(!) 심각한 문제를 야기한다. 벡터로 실수를 나누는 것이 가능하지 않기 때문이다.

발상의 전환이 필요하다.

뉴턴 분수와 같은 의미를 가지면서도 다변수의 경우로 확장될 수 있는 정의를 만들려는 시도를 해 보자. 일변수 실수함수를 $y = f(x)$로 표현했을 때, 점 a에서의 미분계수 $f'(a)$는 뉴턴 분수에 의해

$$\lim_{x \to 0} \frac{f(a + x) - f(a)}{x} - f'(a) = 0$$

로 설명되었던 점을 기억해 내고, 거기에서 출발한다. 이 식은 금방

$$\lim_{|x| \to 0} \frac{|f(a + x) - \{f(a) + f'(a)x\}|}{|x|} = 0$$

로 바꿀 수 있다. 이 표현은 단순한 변형 이상의 중요한 의미를 지니고 있다. 우선 아래 연습문제부터 생각해 보자.

문제 1.1.1 함수 $y = f(x)$와 점 a가 주어졌고, 또 일차함수

$\ell(x) := mx + b$가 존재하여 조건

$$\lim_{|h|\to 0} \frac{|f(a+h) - \ell(h)|}{|h|} = 0$$

를 만족한다고 가정할 때,

- $b = f(a)$임을 증명하고, 여기에서 더 나아가
- 함수 f가 $x = a$에서 미분가능함을 증명하고, $m = f'(a)$임을 보여라.

이 연습문제를 통하여 설명하고 싶은 저의가 있다. 그것은, **미분이란 미분계수를 계산하는 연산을 위한 것이라기 보다는 주어진 점** $(a, f(a))$ **에서 함수** $f(x)$ **에 '가장 가까운' 일차함수를 찾는 과정**이라는 관점이다.[2]

이것이 미분의 정의에 대한 "현대적인" 관점이 시작되는 발상의 전환점이다. 이 새로운 관점에는 여러 장점이 있다. 식 (1.1)이 실수 직선을 벗어난 고차원 공간에서도 의미가 있도록 변형될 수 있는 토대가 마련되는 것이 첫 번째 장점인데, 보다 자세히 설명하자면 아래와 같다.

실수값을 가지는 2변수 일차함수는

$$\ell(x_1, x_2) = b + m_1x_1 + m_2x_2$$

[2]전혀 새로운 관점이 아니다. 미분을 처음 발견한 라이프니쯔, 뉴턴 등이 처음부터 가지고 있던 관점이다!

라는 일반꼴을 가지니까, 2변수 함수 $y = f(x_1, x_2)$가 점 (a_1, a_2)에서 **미분가능**하다는 것은 조건

$$\lim_{\|(h_1,h_2)\|\to 0} \frac{f((a_1,a_2)+(h_1,h_2)) - \ell(h_1,h_2)}{\|(h_1,h_2)\|} = 0 \qquad (1.2)$$

를 만족하는 선형함수 ℓ 이 존재한다는 것으로 정의하면 적절하다는 것을 알 수 있다.[3] 이것이 널리 받아들여지는 **다변수함수 미분**의 보다 일반적인 정의이다.[4]

앞의 연습문제와 그 풀이를 기억하는 있는 독자는 이 경우 일차함수의 계수를 알고 싶을 텐데, $b = f(a_1, a_2)$는 쉽게 확인할 수 있다. 일차항의 계수 m_1, m_2의 계산은 약간 미묘할 수 있지만, **편도함수** $\frac{\partial f}{\partial x_i}$ $(i = 1, 2)$ **가 모두 연속함수인 경우에는** 바로

$$m_i = \left.\frac{\partial f}{\partial x_i}\right|_{(a_1,a_2)}$$

를 얻을 수 있다.

여기에서 $(h_1, h_2) \to 0$ 라는 수렴 조건을 $\|(h_1, h_2)\| = \sqrt{h_1^2 + h_2^2}$가 0으로 수렴한다는 말로 해석한 바를 사용하였던 점을 잠시 되짚어 보자. 사려 깊은 독자는 어쩌면 벡터의 길이 (norm) 대신 거리 개념을 사용할 수 있을 것이라는 생각도 하였을 것 같은데, 수렴성만이 문제라면 앞서 정의해 두었던 T_2 위상 조건으로 큰 문제가 없다는 것을 확인할 수 있다.

이렇게 해서 다변수 함수를 미분하는 방법을 설명하였고, h

---

[3] 벡터의 길이를 나타내는 기호 $\|(a,b)\| := \sqrt{a^2+b^2}$를 사용하였다.

[4] 고급 미적분학에서 다루는 전미분 (total differential) 혹은 접평면 (tangent plane) 개념과 같다.

로 나누는 연산 과정에서 발생하는 어려움을 극복하는 방안과 그 때 필요한 조건도 함께 이해하였다. 장황한 느낌도 지울 수 없었지만, 그래도 이제까지의 토의를 통해 항목 (1), (2), (3) 은 만족할 만한 정도까지 이해할 수 있었다.

$f(a+h)$ 표현에 들어 있는 덧셈

이제 (4)를 생각할 차례다. 이 단순해 보이는 $f(a+h)$ 표현에 들어 있는 + 연산을, 덧셈이라는 연산을 지니고 있지 않은 공간에 정의된 함수를 미분하려면 어떻게 대치해야 할까?

철학적으로 따져 보자. a나 h를 점으로 생각하면 그것들은 더할 수 없다. 우리가 수학을 배우고 사용하면서 두 점을 더했던 것은, 사실은 점을 더한 것이 아니고 그들을 숫자의 순서쌍으로 "표현(!)"한 다음 **그 표현들을 더했던 것이고** 그 외의 여러가지 연산도 점의 **표현**에 시행했던 것이었다! 일변수 함수의 미분을 다룰 때에도 직선 위에 정의된 함수를 미분하였지만, 실제로 연산은 직선을 실수의 집합과 동일시한 "표현"을 통해 수행하였던 사실을 독자는 알고 있었던가?

우리가 익숙하게 사용해 온 "함수 $y=f(x)$" 라는 기호 속에는 사실 세 개의 함수가 포함되어 있다. f, y, x 가 그들이다. 실수의 집합의 원소를 또다른 원소에 대응시키는 함수 f는 사실은 실수 집합의 원소에 계산이 가능한 실수 표현을 대응시킨 결과인 x에 (이런 것을 공연한 트집이라고 할지 모르나 그렇지 않다. 인내심을 가지고 생각하자. 실수 집합과, 실수 집합에 사칙 연산이라는 구조를 더한--대수학에서 "체, field" 라고 부르는--집합은, 엄밀히 말하자면, 차이가 있다. 아무 일도 하지 않는

듯이 보이는 x가 사실은 연산을 할 수 있다는 "면허증(lisence)"을 주고 있는 것이다.) 대응되는 점을 역시 실수 표현으로 표시한 y를 함수값으로 쓴 것이다. 이를 도표로 표현한다면

$$\begin{array}{ccc} \mathbb{R}(\text{집합}) & \xrightarrow{\text{원 함수 } F} & \mathbb{R}(\text{집합}) \\ {\scriptstyle x}\big\downarrow & & \big\downarrow{\scriptstyle y} \\ \mathbb{R}(\text{실수체}) & \xrightarrow{\text{표현 } y=f(x)} & \mathbb{R}(\text{실수체}) \end{array} \tag{1.3}$$

가 되겠고, 실수 직선 위의 점을 또다른 점에 대응시키는 원래 함수를 F로 표시한다면 이의 표현인 $y = f(x)$에 나타나는 함수 f는 실제로 관계식 $f = y \circ F \circ x^{-1}$를 말한다고 생각하면 논리적으로 정확하다.

되풀이하건대, 어떤 공간에 들어 있는 점을 숫자, 또는 숫자의 순서쌍들로 표현하는 방법은 (그런 것이 있다면) 함수다. 즉 공간을 X라는 기호로 표현한다면 $\varphi\colon X \to \mathbb{R}^k$와 같은 함수를 사용하는 편이 자연스러울 것이다.[5]

이와 같은 표현이 있으면 '두 점을 더하겠다'고 '우기지' 않아도 된다. 이 **표현 함수가 두 점에 대응시키는 값들**에 대한 덧셈을 사용하면 되기 때문이다. 또한 이 토의로부터, 뉴턴 분수가 사용한 함수는 원 함수 F가 아니라 연산이 가능하도록 표현할 수 있는 함수 f, 즉 $y \circ F \circ x^{-1}$였음을 깨닫게 되었다.

따라서 (4)가 어느 정도 이해되었다. a와 h는 실수 직선이라는 집합의 원소 자체는 아니었고, 표현함수 x가 이들 점에

---

[5]서로 다른 점은 각기 다른 표현을 가지는 편이 좋으니, 일대 일 함수가 바람직하겠다.

대응시킨 표현인 실수체의 원소였던 것이며 따라서 덧셈을 하는 데에 아무런 문제가 없었던 것이다!

이 관점에 익숙해지는 것은 그리 쉽지 않다. 알쏭달쏭한 느낌에 빠진 독자라 하더라도 다음 절에서 이 관점을 보다 일반적인 공간 위에서 또 다시 설명할 것이니까, 이 시점에서 일단 멈추어 기분을 전환하고, 다음 절에서 새로운 기분으로 용감하게 계속 공부해 보기로 하자.

1.2 국소좌표계, 미분구조, 미분다양체

앞 절의 토의를 바탕으로, 보다 일반적인 공간에 미분 개념을 정의할 수 있는 장치, 즉 **미분 구조** (differentiable structure)를 정의하는 것이 이 절의 목표이다.

1.2.1 국소좌표계

지금부터 고려할 공간 M은 위상공간(topological space)으로서 아래의 조건

(A) 국소적으로는 항상 m차원 유클리드 공간 $\mathbb{R}^m$과 위상 동형이다. 좀 더 정확하게 설명하자면, 임의의 점 $p \in M$마다 근방(open neighborhood) U가, 반드시 유클리드 공간 $\mathbb{R}^m$의 열린 부분집합 V와 위상동형(homeomorphism) $\psi\colon U \to V$가 함께 존재한다.

를 만족하는 공간이다. 이런 공간을 m**차원 위상다양체**(**topological manifold**)라 부르는데, 이것이 우리가 미분구조(differentiable structure)를 덧입히려는 대상이 되는 공간이다.

이 시점에서 앞 절에서의 토의를 기억하며 실수 값을 가지는 함수 $f\colon U \to \mathbb{R}$를 미분하려고 시도하면 어떨까? 위의 조건 (A)에 등장하는 $\psi\colon U \to V \subset \mathbb{R}^m$를 이용하여 $f \circ \psi^{-1}\colon V \to \mathbb{R}$를 만들자. 앞절의 내용에 준하여 보면 ψ가 x의 역할을 해 주어야 할 것이다. ψ가 실수값을 가지지는 않지만, 실수 순서쌍을 값으로 가지기는 하니까, 순서쌍을 이루는 각 성분이 실수 값을 가지는 함수가 되어야 한다. 그러므로 $\psi(q) = (x_1(q), \ldots, x_m(q))$를 만족하

는 실수함수 $x_1, \ldots, x_m$ 이 존재하며, 따라서 $\psi = (x_1, \ldots, x_m)$ 라는 표현이 적절하다. 이 시점에서, $\mathbb{R}^m$ 의 각 점을 좌표화하여 그를 순서쌍으로 쓰고 ℓ 번째 성분을 읽어내는 함수를 t_ℓ 로 쓰기로 하면, 이제

$$\left.\frac{\partial f}{\partial x_k}\right|_q = \left.\frac{\partial (f \circ \psi^{-1})}{\partial t_k}\right|_{\psi(q)} \tag{1.4}$$

로 정의할 만 하다는 느낌이 들기도 한다. 별 생각 없이 용감하게, 이렇게 미분의 개념도 만들 만 한 것 같으니 그냥 눈 딱 감고 이론을 마구 전개한다면 어떨까? 논리적으로 무슨 문제가 있을까? 차분히 검토해 볼 필요가 있다.

조금 전에는 편미분을 바로 만들어 볼 듯도 한 기세였지만, 잠시 숨을 가다듬고 한 걸음 뒤로 물러서서 논리적으로 생각해 보자. 이런 약간 무식할 정도로 용감한 돌진보다는, 함수의 미분가능성이라는 개념을 먼저 생각하는 것이 옳다는 생각을 하게 될 것이다.

그렇다면 함수 f 가 점 $q \in U$ 에서 미분가능하다는 정의를 어떻게 해야 할까? 위의 정의가 가진 가능성을 기억하며

> f 가 **점 q 에서 미분가능**하다는 것을, q 의 근방 U 에 주어진 위상동형 $\psi\colon U \to V \subset \mathbb{R}^m$ 을 이용하여 $f \circ \psi^{-1}$ 가 점 $\psi(q)$ 에서 미분가능하다

라고 정의하면 어떨까? 잠시 이 정의(!)라는 것을 들여다 보면 전반적으로 무리가 없고 좋으나, 다만 f 의 미분가능성이 집합 M 안에 있는 점 p 의 근방을 좌표화 (즉, 각 점을 실수의 순서쌍으로

표현(!)하는 방법) 시키는 위상동형 ψ [그러므로, 이 위상동형을 "국소 좌표계 (a local coordinate system)"라고 부르는 것이 타당하다!] 에 의존하게 된 점이 신경 쓰이게 한다. 좌표계에 미분가능성이 의존하는 것은 미분의 태생적인 특성 때문이라고 하더라도 (1절의 토의를 되새겨 보라!) 한 국소좌표계에 의해 미분가능했던 함수가 다른 국소좌표계를 택할 때에는 미분가능하지 않게 될 수 있을지도 모른다는 가능성은 그리 탐탁치 않다.

그래서 가능한 모든 국소좌표계를 허용하되 "한 좌표계로 미분가능했던 함수는 다른 좌표계에 대해서도 미분가능하도록 하려면 주어진 국소좌표계들 사이에 어떤 관계가 있어야 할까?" 라는 질문에 대한 대답으로 일찌기 제시된 정의가 있는데 그건 다음과 같다.

정의 1.2.1 위상다양체의 국소좌표계 $\psi\colon U \to V \subset \mathbb{R}^m$ 와 또 다른 국소좌표계 $\varphi\colon \tilde{U} \to \tilde{V} \subset \mathbb{R}^m$ 이 조건 $U \cap \tilde{U} \neq \emptyset$ 를 만족할 경우에는 언제든지, 합성함수 $\psi \circ \varphi^{-1}\colon \varphi(U \cap \tilde{U}) \to \psi(U \cap \tilde{U})$ 와 $\varphi \circ \psi^{-1}\colon \psi(U \cap \tilde{U}) \to \varphi(U \cap \tilde{U})$ 가 모두 $\mathcal{C}^k$ 급의 미분가능성을 보이면, "**두 국소좌표계 ψ 와 φ 가 $\mathcal{C}^k$ 급으로 어울린다** ($\mathcal{C}^k$-compatible)" 라고 정의한다.

이 정의가 무슨 의미인지 알쏭달쏭할 수 있을 것 같다. 이해를 돕기 위해 조금 더 친절하게 설명해 보자. 먼저 합성함수 $\varphi \circ \psi^{-1}$ 의 정의역 $\psi(U \cap \tilde{U})$ 과 치역 $\varphi(U \cap \tilde{U})$ 을 보면 둘 다 유클리드 공간 $\mathbb{R}^m$ 의 열린 부분집합이어서, 함수 $\varphi \circ \psi^{-1}$ 가 k 번 미분가능하다는 개념과, 각 성분의 k 번째 편도함수가 존재하고 연속, 다시 말하자면 C^k 급이라는 정의 등이 다 말이 된다는 점을 관찰하자.

이제, 일단 두 국소좌표계 φ, ψ가 C^k 급으로 어울린다고 가정하자. 그렇다면 각 함수가 잘 정의된 영역이 모두 합리적으로 선택되었고, 게다가 함수 $f \circ \varphi^{-1}$가 미분가능하였다면, 관계식

$$f \circ \psi^{-1} = (f \circ \varphi^{-1}) \circ (\varphi \circ \psi^{-1})$$

과 합성함수의 미분공식이 다음 중요한 결과를 설명한다.

$f \circ \varphi^{-1}$**가** C^k **급**이라는 조건, 즉 **모든 편도함수가** k **계 까지 존재하며,** k **계 편도함수가 연속인 조건을 만족하는 함수들의 등급에 속한다**는 조건은 함수 $f \circ \psi^{-1}$가 C^k 급이라는 조건을 만족하기만 하면 바로 따라오게 됨을 알 수 있다. 이 명제의 역이 성립하는 것 역시 자명하다. 따라서 **두 좌표계** φ, ψ**가** C^k **급으로 어울린다는 조건이 성립하면** f**가 어느 국소좌표계에 의해 미분가능하며** C^k **급에 속하느냐 하는 정의는 두 극소좌표계 중 어느 것을 선택하여 정의하더라도 논리적으로 동치(equivalent) 관계에 있는 것이다.**[6]

다음 토의로 넘어가기 전에 잠시 용어를 되새겨 보기로 하자. "다양체"라는 용어는 프랑스어 variete' (영어로는 manifold)를 번역하여 만든 일본 용어인데, 종이나 천을 여러 조각 붙여 만든 조각보 같은 것을 의미하는 것이겠다. 우리가 사용할 공간은 유

[6] 형식논리학에서 명제란, 참인지 거짓인지 판정이 가능한 문장을 의미하고, 명제의 논리값은 참, 또는 거짓이 된다. 따라서 두 명제가 동치라는 말은 논리값이 같다는 말이므로, 한 명제가 참이면 다른 명제도 참이고, 거짓이면 다른 명제 역시 거짓이라는 뜻이다.

클리드 공간을 붙여 만든 것이니 그런 대로 용어 선정이 나쁘지 않다는 느낌이다.

1.2.2 미분 구조와 아틀라스

이제 미분구조를 미분다양체 개념과 함께 정의할 준비가 어느 정도 되었다.

정의 1.2.2 ($\mathcal{C}^k$ 급 아틀라스(Atlas)) 위상다양체 X가 자연수 m이 주어졌다고 하자. 임의의 점 $p \in X$와 포함하는 열린 근방 U, 그리고 국소좌표계 $(U, \psi) := (U, \psi\colon U \to V \subset \mathbb{R}^m)$을 원소로 하는 집합 $\mathcal{A}$를 생각하되, 특히 다음 세 조건을 만족하도록 한다.

(1) $\displaystyle\bigcup_{(U,\psi)\in\mathcal{A}} U = X.$

(2) 모임 $\mathcal{A}$에 속하는 임의의 두 원소 $(U, \psi), (V, \varphi)$가 조건 $U \cap V \neq \emptyset$를 만족하면 이 두 좌표계는 $\mathcal{C}^k$ 급으로 어울린다.

(3) $\mathcal{A}$의 원소들과 어울리는 국소좌표계는 모두 모임 $\mathcal{A}$에 포함된다.

이런 집합 $\mathcal{A}$를 위상다양체 X 위에 정의된 $\mathcal{C}^k$ **급 아틀라스**(atlas)라고 부른다.

이런 복잡한 정의를 보면, 대부분의 독자들이 속에서 뭔가 복잡한 느낌이 치미는 것을 참기 어렵다. 도대체 이런 걸 어디에 쓰지? 이런 게 존재하기는 하는 거야? 등등의 질문이 솟아 오르는 것이 수학을 배우려는 독자가 당연히 느껴야 하는 현상이다.

수학이 제대로 가르쳐지려면 이런 질문이 허용될 뿐만 아니라 격려되어야 할 것이다.

이 책의 이론이 전개되는 동안 이 정의의 쓸모와 대상의 존재성은 결국은 당연히 설명될 것이라는 것은 현명한 독자들이 이미 짐작했으리라 믿는다. 그럼 잠시 기다리기로 하고, 그 다음 단계에 해당하는 질문부터 먼저 생각해 보기로 하자. 우선 정의에 나오는 유클리드 공간의 차원을 표시하는 자연수 m에 대해 별 설명이 없는데, 이건 고정된 것인가? 고정되지 않고 그냥 각 국소좌표계가 선택하도록 두면 안 될까? 등등의 질문이다. 대답은 아래와 같다.

임의의 $p \in X$를 택하고 이 점을 포함하는 국소좌표계 (U, φ)와 (V, ψ) 주어졌다고 하자. 만일 $W := \varphi(U \cap V)$가 k차원 유클리드 공간 $\mathbb{R}^k$의 열린 부분집합이고, $Y := \psi(U \cap V)$가 $\mathbb{R}^\ell$의 열린 부분집합이라 하면, $f = \psi \circ \varphi^{-1} \colon W \to Y$는 미분가능한 함수이면서 역함수 $g = \varphi \circ \psi^{-1} \colon Y \to W$도 미분가능한, 소위 **미분동형 (diffeomorphism)**이 된다. 이제 자명함수(identity map)의 미분이 자명함수임을 이용하면 두 공간 $\mathbb{R}^k$과 $\mathbb{R}^\ell$이 f와 g의 미분인 야코비 행렬 (Jacobian matrix)에 의해 서로 선형동형 (linear isomorphic) 관계에 있다는 결론에 도달하게 된다. 따라서 $k = \ell$을 얻는다. 이런 점에서 위 정의에서 차원 m을 고정한 것은 자연스럽다 하겠다.[7]

---

[7]참고로 유클리드 공간 사이에 위상동형이 있으면 그 차원이 다를 수 없다는 사실은 여기처럼 미분을 사용하지 않고도 증명할 수 있다. 호몰로지(homology)를 사용하여 증명할 수 있으니, 차원은 위상적 성질이라고 하는 편이 더 옳고, 따라서 차원 개념은 위상다양체의 경우에도 잘 정의된다.

앞에서도 설명했듯이, 위의 조건 (1)과 (2)는 이제 이해될 만하다. 즉 X 위의 어느 점에서나 함수의 미분을 정의하기 위해서 조건 (1)이 필요했고, 함수의 미분가능성이 일정한 아틀라스 안에서는 국소좌표계의 선택에 의해 좌우되지 않아야 한다는 명제를 확립하기 위해 조건 (2)가 필요했다는 것을 이해할 수 있겠다. 그렇다면 (3)은 무엇일까? 이건 왜, 그리고 어떻게 소문도 없이 들어 와 있는 것일까?

조금 전에 확인한 바와 같이 조건 (1)과 (2)를 만족하는 국소좌표계의 모임은 이미 위의 집합 X 위에 정의된 함수가 미분가능한지 여부와, 더 나아가서는 C^k 급에 속하는지 여부까지 모두 결정할 수 있게 해 주므로, 이런 모임을 X 위에 정의된 C^k 급 미분구조를 정의한다고 말하면 적절하다는 의견에 찬성할 것이라고 생각한다. 그러나, 이미 (1)과 (2) 두 조건이 만족된 후에는, 이 두 조건을 만족하는 또 다른 국소좌표계가 또 있어서 그걸 좌표계의 모임에 더한다 하더라도, 모임은 커지겠지만, X 위에 정의되는 C^k 급 미분가능 함수의 모임은 변하지 않게 된다. 바꿔 말하자면 미분 구조 자체에 굳이 더해야 할 이유가 없는, 즉 "필수불가결하지 않은" 더함이 되는 것이다. 따라서 국소좌표계의 집합으로 미분구조를 정의한다면 차라리 (1)과 (2)를 만족하는 국소좌표계를 빠짐 없이 다 모아 그것을 한 미분구조의 일부로 보는 편이 합리적이다. 이것이 "아틀라스"의 정의에 조건 (3)을 더하는 이유이다.

따라서 더 상세한 분석에 이르기 전까지는 **위상다양체 X 위에 정의된 C^k 급 아틀라스가 곧 X 의 C^k 급 미분구조**라고 하면 적절하겠다. 그렇게 부르기로 하자.

1.2.3 미분다양체

이제 미분다양체 (differentiable manifold) 개념을 정의하도록 하겠다. 지금 당장 모든 것을 설명하는 것이 현명해 보이지 않기 때문에, 우선은 원초적인 미분다양체 개념을 소개하고, 바로 이어서 우리가 원하는 제한적인 조건을 명시하도록 하겠다. 이 제한 조건은 미분다양체 위에서 미적분학을 포함한 여러 수학 이론을 전개하기 위해서 필요한 것이다.

정의 1.2.3 ($\mathcal{C}^k$급 미분다양체) m차원 $\mathcal{C}^k$급 **미분다양체** (m-dimensional manifold of class $\mathcal{C}^k$)는 $\mathcal{C}^k$급 아틀라스를 가지는 m차원 위상다양체를 말한다.

추가 제한 조건: 이 책에서 다루는 미분다양체에 추가로 요구하는 제한 조건은 아래와 같다.

- 하우스돌프 (T_2, Hausdorff) 조건.
- 제2 가부번성 (second countable). (결과적으로 거리공간도 되고(metrizable), 유사콤팩트 (paracompact) 성질도 가진다).

특별히 따로 언급하지 않으면, 이 책에서 다룰 미분다양체는 이들 성질을 모두 지닌 것으로 가정할 것이다.

일반위상수학의 내용을 모두 기억하지 못하는 독자를 위해 이 정의에서 쓴 용어를 설명하고, 그 외에 필요한 설명을 몇 가지 추가하려 한다. 지금 고려하는 위상공간을 X라 하자.

하우스돌프 (T_2, Hausdorff) 조건: 이 조건은 공간 X의 위상 (topology = 모든 열린 부분집합이 이루는 집합)에 관한 성질인데, 임의의 서로 다른 두 점 p, q에 대하여, 조건 $p \in U, q \in V$ 및 $U \cap V = \emptyset$를 모두 만족하는 열린 집합 U, V가 존재한다는 조건을 말한다. 다양체는 각 점마다 유클리드 공간의 열린 집합과 위상동형인 근방이 존재한다는 강력한 조건을 만족하는데도, T_2 정도의 조건을 만족하지 않을 수도 있겠느냐고 독자가 묻고 싶을 것인데... 그것이 가능하다는 놀라운 사실은 다음 마디에서[8] 구체적인 예를 들어서 보여 주려 한다.

제2 가부번성: 정의는, 이 공간 X의 위상에 번호를 붙일 수 있는 (enumerable, 또는 countable) 기저가 (base for topology) 존재한다는 것이다. 다시 말해 주어진 위상(topology)의 기저 $\mathcal{B}$와 적절한 전사함수 $f : \mathbb{Z} \to \mathcal{B}$가 존재한다는 뜻이다. [참고로 기저란, 위상의 부분집합으로서 그 원소의 합집합들이 위상 전체를 이루는 것을 말한다.]

유사콤팩트: 이건 조금 특이하다. 임의의 피복에 (X의 열린 부분집합의 모임이면서 이 열린 집합 전체의 합집합이 X가 되는 것을 말한다) 대해 각각의 열린 부분집합의 부분집합이면서 여전히 X의 피복이 되는 성질을 유지하면서 동시에 어떤 점도 유한 번만 (finitely many times) 덮는 새로운 피복이 존재한다는 조건인데, 일반위상수학의 정리 중 지금 이 대목에서 기억할 만한 것은 **유사콤팩트 하우스돌프 공간은 정규(T_4, normal) 공간이 된다**는 것이다. 그러므로 우리의 미분다양체는 모두 정규공간이다.

[8]독자들이 아시듯 "절 (section)"이라는 용어는 한자어이다. 우리 말로는 "마디"이고 아직도 쓰이는 우리의 고운 말이므로 가끔 이 용어를 사용하려고 한다.

이 정도의 개략적인 설명으로 부족함을 느끼는 독자는 일반위상수학 복습이 필요할 것 같다. 오래 된 책이지만 Kelley의 책을 권한다.[9]

1.2.4 미분다양체의 여러 가지 예

위에서 정의한 미분다양체가 만족해야 할 조건을 보면 매우 까다로워서 과연 좋은 보기가 있기나 할까 염려할 독자도 있을 것 같다. 하지만 실제로는, 이 조건들이 매우 합리적이어서 미분다양체는 정말 무수히 많다. 여기에 가장 기본적인 것으로 몇 가지만 소개한다.

보기 1.2.1

(i) **유클리드 공간** $\mathbb{R}^m$. 물론 위상(topology)는 유클리드 거리에 의해 생성된 것을 쓴다. 이건 $\mathcal{C}^\infty$ 급 미분다양체다.

(ii) **함수** $f: \mathbb{R}^m \to \mathbb{R}$ **의 그래프**

$$\Gamma_f := \{(x_1, \ldots, x_n, y) \in \mathbb{R}^{m+1} : y = f(x_1, \ldots, x_n)\}.$$

이 집합은, f가 $\mathcal{C}^k$ 급이면, 항상 $\mathcal{C}^k$ 급 m차원미분다양체가 된다.

(iii) **초곡면.** 앞 예의 응용으로 많은 초곡면이 미분다양체가 됨을 알 수 있다. 구면

$$S^m := \{(x_0, \ldots, x_m) \in \mathbb{R}^{m+1} : x_0^2 + \cdots + x_m^2 = 1\}$$

[9] J. Kelley (1955, Springer GTM), General topology.

은 당연히 (!) $\mathcal{C}^\infty$ 급 미분다양체가 된다. 증명할 수 있겠는가?

세 번째 보기는 여러 가지를 시사해 주는데, 첫 번째로 드는 생각은 아마도 유클리드 공간 속의 "매끄러운" 초곡면은 모두 미분다양체이겠다는 생각이 아닐까. 두 번째로 드는, 혹은 들어야 하는, 생각은 뭘까? 아마도 음함수 꼴로 주어지는 그래프, 즉

$$V_f := \{(x_1, \ldots, x_k) \in \mathbb{R}^k \colon f(x_1, \ldots, x_n) = 0\}$$

형태의 집합은 미분다양체가 되겠는가 하는 질문이 아닐까? 이런 것은 모두 아주 좋은 착상이고 멋진 질문이다. 지금은 일단 뒤로 미루기로 하고, 세 가지 다른 예를 더 든 다음 이 절을 맺으려 한다.

(iv) **행렬 공간 $\mathfrak{gl}(n, \mathbb{R})$ 과 $GL(n, \mathbb{R})$.**

$$\mathfrak{gl}(n, \mathbb{R}) = \{A \colon \text{실수 항으로 이루어진 } n \times n \text{ 행렬}\}$$

은 물론 벡터공간으로서 차원이 n^2 이니까 공간 $\mathbb{R}^{n^2}$ 과 선형 동형 (linear isomorphic) 관계에 있는 공간이고, 따라서 매끄러운 ($\mathcal{C}^\infty$ 급) 미분다양체이다. 이제 부분공간

$$GL(n, \mathbb{R}) = \{A \in \mathfrak{gl}(n, \mathbb{R}) \colon \det A \neq 0\}$$

을 생각해 보자. 이것도 매끄러운 미분다양체이다. 왜 그럴까? 일단은 연습문제로 둔다. (하지만, 비밀 (?) 은 바로 아래에 밝혀진다.)

(v) 이번에는 복소수 항을 허용하여 $\mathfrak{gl}(n, \mathbb{C})$ 와 $GL(n, \mathbb{C})$ 를 생각해 보자. 원소만 복소수일 뿐 정의는 (iv) 에 준한다. 이들도 미분다양체가 되는데, 증명은 어떻게 될까?

$GL(n, \mathbb{R})$ 이 미분다양체인지 여부를 알아 보려면 물론 이 공간의 구성에 결정적인 역할을 한 det (행렬식, determinant) 함수를 생각해 봐야 한다. 즉

$$\det : A \in \mathfrak{gl}(n, \mathbb{R}) \mapsto \det A : \mathfrak{gl}(n, \mathbb{R}) \to \mathbb{R}$$

이라는 함수를 생각해야 한다. A 의 ij 번째 항을 x_{ij} 로 표시한다면, det 는 x_{ij} 들의 곱과 덧셈으로 이루어진 다항식 함수 (polynomial function) 이다. 물론 미분가능하며, 따라서 연속함수다. 그리고

$$GL(n, \mathbb{R}) = (\det)^{-1}(\mathbb{R} \setminus \{0\})$$

이니까, $GL(n, \mathbb{R})$ 은 유클리드 공간 $\mathfrak{gl}(n, \mathbb{R})$ 의 열린 부분집합이다. 따라서 당연히 $\mathcal{C}^\infty$ 급 미분다양체가 된다. 같은 논증이 $GL(n, \mathbb{C})$ 에도 적용된다.

문제 1.2.1 $GL(n, \mathbb{R})$ 은 연결된 공간이 (connected space) 아니라는 것을 보여라. 대조적으로, $GL(n, \mathbb{C})$ 는 연결된 공간인데, 이를 증명하는 것은 조금 노력을 필요로 한다.

(vi) 미분다양체 유한 개의 데카르트 곱 $M_1 \times \cdots \times M_k$ 도 물론 미분다양체가 된다.

(vii) **실 사영공간** $\mathbb{RP}^n$: 전통적인 사영공간은 $\mathbb{R}^{n+1} \setminus \{0\}$ 에 동등관계 (equivalence relation)

$$x = (x_1, \ldots, x_{n+1}) \sim y = (y_1, \ldots, y_{n+1})$$
$$\Leftrightarrow \quad \exists r \in \mathbb{R} \setminus \{0\}, \;\; x = ry$$

가 주어졌을 때 그 몫공간인 $\mathbb{R}^{n+1} \setminus \{0\}/\sim$ 으로 주어진다. 위상은 물론 몫위상 (quotient topology)를 준다. 그렇다면, 국소좌표계는 어떻게 주어야 할까? 임의의 점 $[x] := [(x_1, \ldots, x_{n+1})] \in \mathbb{RP}^n$ 을 선택하였으면 적어도 한 좌표의 값은 0이 아니어야 하니까, 예를 들어 $x_i \neq 0$ 라 하자. 그리고

$$U_i := \{[(y_1, \ldots, y_{n+1})] \colon y_i \neq 0\}$$

로 두면, 이 집합은 당연히 $[x]$를 포함하는 열린 집합이다. 이제 함수

$$\psi_i([x]) := \left(\frac{x_1}{x_i}, \ldots, \frac{x_{i-1}}{x_i}, \frac{x_{i+1}}{x_i}, \ldots, \frac{x_{n+1}}{x_i}\right)$$

를 정의하고, (U_i, ψ_i)를 생각하자. 그런 다음 집합

$$\{(U_i, \psi_i) \colon i = 1, \ldots, n+1\}$$

의 원소들을 국소좌표계로 생각하면 이 집합이 $\mathbb{RP}^n$ 의 아틀라스를 주는 처음 두 조건을 만족한다. (두 번째 조건을 확인하는 것은 연습문제로 둔다.) 따라서 형식논리에 불과한 세 번째 조건과 함께 실 사영공간의 아틀라스가 만들어지니까, 실 사영공간이

매끄러운 다양체가 된다는 것을 이제 알 수 있게 되었다.

1.2.5 미분가능함수, 미분동형

이제까지 들인 노력과 정성에 의하여 이제 미분다양체가 하나 주어지면 그 위에 정의되는 미분가능한 함수를 정의할 수 있게 되었다. 다시 말하자면, 미분다양체 M이 주어졌으면 임의의 열린 부분집합 U에 대하여

$$\mathcal{C}^k(U) = \{f : U \to \mathbb{R} \mid f\text{는 } \mathcal{C}^k \text{ 급 함수}\}$$

라는 함수의 집합이 만들어진다. 이 집합은 함수의 덧셈과 곱셈 그리고 실수를 이 곱하는 세 가지 연산을 가지는 소위 가환대수 (commutative algebra) 구조를 가진다. 이로써 임의의 열린 집합에 가환대수를 대응시키는 관계인 $U \mapsto \mathcal{C}^k(U)$도 구성되었다.

이제 조금 더 나아가 두 개의 $\mathcal{C}^k$급 미분다양체 X, Y에 주어지는 함수 $f : X \to Y$를 생각하자. 이 함수의 미분가능성은 어떻게 정의하면 되겠는가? 사실 당연한 방법이 하나밖에 보이지 않는다. 각 다양체에 주어진 아틀라스를 각각 $\mathcal{A}_X$와 $\mathcal{A}_Y$ 라고 두고 아래와 같이 하면 된다.

정의 1.2.4 조건 $f(p) = q$를 만족하는 임의의 $p \in X, q \in Y$에 대하여, 조건 $p \in U$를 만족하는 극소좌표계 $(U, \varphi) \in \mathcal{A}_X$와 조건 $q \in V$를 만족하는 극소좌표계 $(V, \psi) \in \mathcal{A}_Y$과 $\ell \le k$을 만족하는 자연수 ℓ에 대하여, 합성함수 $\psi \circ f \circ \varphi^{-1} : \varphi(U \cap f^{-1}(V)) \to \psi(V)$가 $\mathcal{C}^\ell$급이면, $f : X \to Y$ **가** $\mathcal{C}^\ell$ **급이다** 라고 정의한다.

내친 김에 미분다양체 이론에서 두 미분다양체를 동일시할 수 있는 "동형 조건"을 정의하기로 하자.

정의 1.2.5 두 미분다양체 X, Y에 대하여 함수 $f: X \to Y$가 쌍대함수(bijection)이며 $\mathcal{C}^k$급이고, 동시에 역함수 $f^{-1}: Y \to X$도 $\mathcal{C}^k$급이면, f를 **$\mathcal{C}^k$급 미분동형** (**$\mathcal{C}^k$-diffeomorphism**)이라고 부른다.

미분동형 관계에 있는 다양체는 다양체 이론에서 완전히 같은 것으로 간주된다. 정의는 그렇다고 받아들이겠는데, 실제로 미분동형이 다양체가 가지고 있는 성질을 얼마나 보존하기에 동일시하는 것인지 궁금하지 않은가?

우선 매끄러운 함수환이 같다. 아래 연습문제를 통해 확인해 보자.

문제 1.2.2 $\mathcal{C}^k$급 함수 $f: X \to Y$에 대하여 대응관계

$$f^*: \varphi \mapsto \varphi \circ f : \mathcal{C}^\infty(Y) \to \mathcal{C}^\infty(X)$$

가 자연스럽게 정의됨을 확인하고, 만일 f가 미분동형이면 f^*가 가환대수 사이의 대수 동형 (algebra-isomorphism)이 됨을 확인하여라.

미분다양체 이론의 상당 부분이 다양체 위의 미적분학 연구이므로 미분동형인 다양체들의 매끄러운 함수환이 이와 같이 자연스러운 동형으로 연관되는 것을 보면, 미분동형관계에 있는 다양체를 동일시하는 것을 충분히 받아들일만 하다.

1.3 미분다양체의 이모저모

1.3.1 위상다양체

우리가 다루려는 미분다양체는 모두 C^0급 다양체, 즉 **위상다양체** (topological manifold)이다. 미분다양체 이론에서는 보통 $k \geq 1$인 경우에 국소좌표계가 C^k인 경우를 다루는데, 특히 $k = 0$인 경우라면 어떠할까? 그런 경우에는 C^0, 즉 연속함수인 국소좌표계끼리 어울려야 한다는 조건을 조사해 봐야 하겠는데, 당장 알 수 있듯이 이 조건은 아무런 제한을 주지 못한다. 위상동형들의 합성은 자동적으로 위상동형이 되기 때문이다. 따라서 위상다양체를 정의할 때에는 제1.2.1절의 초반에 등장하는 조건 (A), 즉 다양체의 임의의 점이 국소좌표계를 가진다는 한 조건만 가지고 정의하면 충분하였던 것이다.

1.3.2 원점을 두 개 가지는 직선?

자, 그건 그렇고, 위상다양체의 조건 중에 이 공간이 T_2 (하우스돌프) 공간이어야 한다는 조건이 있고, 또 국소적으로 유클리드 공간 $\mathbb{R}^m$ 의 일부와 위상동형이라는 조건이 있는 것을 보면서 독자는 단순하게 "국소적으로 유클리드 공간이면 T_2 는 당연히 따라 오겠지." 라고 생각할지 모르겠는데, 사실은 그렇지 아니하다.

두 직선

$$\ell_0 = \{(x, 0) \in \mathbb{R}^2 : x \in \mathbb{R}\}$$
$$\ell_1 = \{(x, 1) \in \mathbb{R}^2 : x \in \mathbb{R}\}$$

을 생각하고 $L = \ell_0 \cup \ell_1$ 라 두자. 이 집합 위에 **동등 관계** (equivalence relation)를 정의하되 각 원소가 자기 자신과 동등하다는 것 외에

$$(t, 0) \sim (t, 1) \quad (\forall t \in \mathbb{R} - \{0\})$$

로 동등관계를 정의하자.[10] 이 정의에서 주의할 점은 $(0, 0)$ 과 $(0, 1)$ 은 동등하지 않게 정의가 만들어져 있다는 것이다. 이제 위상수학에서 말하는 몫공간 (quotient space) $\hat{L} := L/\sim$ 를 생각하자. 물론 이 몫공간의 위상은 몫위상(quotient topology) 이다.

이제 다음 연습문제를 풀어 보도록 하자.

문제 1.3.1 $\hat{L}$ 이 국소적으로는 항상 실수직선과 위상동형임을 보여라.

문제 1.3.2 $\hat{L}$ 은 하우스돌프 공간이 아님을 보여라. 특히 동급 (equivalence class) $[(0, 0)]$ 의 열린 근방과 동급 $[(0, 1)]$ 의 근방은 공집합이 아닌 공통부분을 반드시 가져야 한다는 점을 증명하여라.

이 괴상한 예는 소위 **두 원점을 가지는 직선** (the line with two origins)이라는 이름을 가진 아주 유명한 보기이다. 기억해 둘 만 하다.

---

[10] 영문 용어 `equivalence relation'은 우리 말로 `동치 관계'로 쓰자고 대한수학회가 추천하고 있다. 하지만 논리적으로 동치라는 말과 혼동될 수도 있다는 점이 껄끄럽다. 뿐만 아니라, 이 equivalence relation의 정의는 한자 "치"가 뜻하는 "값"이라는 의미와는 아무 관계가 없고 두 원소의 동등 관계만 명시할 따름이어서, 우리는 `동등 관계'라는 용어를 쓰기로 한다.

1.3.3 차원

제1.2.1절에 소개된 차원(dimension) 개념은 국소적이다. 다음 절에서 미분다양체의 차원을 미적분학을 이용하여 선형대수에 연계시키는 방법론을 보이며 차원 개념을 정립하겠으나, 차원 개념은 사실상 위상적인 성질이어서 (앞에서 이미 언급한 바 있다.) 미적분학을 필요로 하지 아니한다. 이 점을 조금 더 분명히 해 두기로 하자.

정리 1.3.1 $m \neq n$**이면,** m**차원 유클리드 공간** $\mathbb{R}^m$**과** n**차원 유클리드 공간** $\mathbb{R}^n$**은 서로 위상동형일 수 없다.**

증명. 편의상 $m > n$라고 가정하자. 결론을 부정하면, 위상동형 $f\colon \mathbb{R}^m \to \mathbb{R}^n$이 존재해야 한다. 임의의 점 $p \in \mathbb{R}^m$를 하나 택하고 (이를테면 원점을 택하고) $q = f(p)$라 두면 국한시킨 함수 $f\colon \mathbb{R}^m - \{p\} \to \mathbb{R}^n - \{q\}$도 위상동형이다. 따라서 이 함수가 임의의 정수 $q = 0, 1, \ldots$에 대하여 호몰로지(homology) 군에 대수동형 $f_*\colon H_k(\mathbb{R}^m - \{p\}; \mathbb{Z}) \to H_k(\mathbb{R}^n - \{p\}; \mathbb{Z})$ 를 생성시킨다. 하지만 $k = m$인 경우에는 $H_k(\mathbb{R}^m - \{p\}; \mathbb{Z}) = \mathbb{Z}$가 성립함과 동시에 $H_k(\mathbb{R}^n - \{p\}; \mathbb{Z}) = \{0\}$가 성립하기 때문에 모순에 도달하게 된다. 따라서 증명이 완결되었다. □

이 정리는 $\mathbb{R}^m$의 열린 부분집합에도 동일하게 작동시킬 수 있다. 이로부터 "차원은 국소적인 개념이다." 라는 약간 거친 표현의 진의를 짐작할 수 있을 것이다. 한 편, 이 정리와 증명을 잘 생각해 보면 연결되어 있는 (connected) 다양체의 차원은 점에 관계 없이 어디에서나 일정하다는 결론도 쉽게 도출할 수 있을 것이다. 하지만 미분다양체 이론 연구에서는 연결되어 있지 않은 다양체도 생각할 필요가 있기 때문에, 이들의 차원을 일정하게 유지하기 위해서는 이 장 앞 부분에서 하였듯이 다양체의 정의에 다양체의 차원을 미리 결정해 둘 필요가 있는 것이다.

1.3.4 단위분할(partitions of unity)

다양체 이론에서 자주 쓰이는 기술적인 개념 중에 **단위분할** (a partition of unity)이라는 것이 있다. 즉 다양체 M의 열린 부분집합들의 모임 $\{U_\alpha\colon \alpha \in A\}$이 조건 $\bigcup_{\alpha\in A} U_\alpha = M$를 만족하면, 이런 집합을 M의 **피복** (open cover)이라 부르는데, 이에 대해 아래 정리가 성립한다.

정리 1.3.2 미분다양체 M 의 임의의 피복 $\{U_\alpha\colon \alpha \in A\}$ 에 대하여 C^∞급 함수의 집합 $\{\varphi_\alpha\colon M \to [0,1] \mid \mathrm{supp}\,(\varphi_\alpha) \subset U_\alpha\}$ 가 존재하여 조건

$$\sum_{\alpha\in A} \varphi_\alpha(p) = 1, \quad \forall p \in M$$

가 성립하게 할 수 있다.

이런 함수족은 상수함수 1을 비교적 조그마한 버팀영역(support)을 가지는 매끄러운 함수들, 즉 C^∞급 함수들의 합으로 나타내므로, "단위분할" 이라 부르는데, 위 정리의 증명에는 M의 유사콤팩트 성질이 결정적인 역할을 한다. 따라서 이런 기술적인 면을 감안한다면, 이 시점에서 다양체를 하우스돌프 및 유사콤팩트 성질을 가지도록 제한하는 이유를 이해할 만 할 것이다.

T_2 성질과 함께 제2 가부번성을 요구하면, 유사콤팩트도 따라오고, 거리공간도 되며, T_4 까지 저절로 따라오기 때문에, 이 정도로 해 두면 충분하다는 것을 알 수 있다.

이제 위 정리를 증명하기로 하자. 이 증명은 쉽기도 하고, 배워 둘 가치가 충분한 기초적인 기법을 포함하고 있다.

증명/스케치. 우선 함수

$$g(t) = \begin{cases} e^{-\frac{1}{t}} & \text{if } t > 0 \\ 0 & \text{if } t \leq 0 \end{cases}$$

를 생각하고, 동시에

$$b(t) = g(t+1)g(1-t)$$

를 생각하면 $b\colon \mathbb{R} \to \mathbb{R}$는 $\mathcal{C}^\infty$ 급이며, 조건 $0 \leq b < 1$과 조건 $\mathrm{supp}\,(b) = [-1, 1]$를 만족한다. 이제 $\mathbb{R}^n$ 위로 이 함수를 옮겨 심기로 하자. 즉, 새로운 함수

$$\beta(t_1, \ldots, t_n) = b((t_1^2 + \ldots + t_n^2)/r^2)$$

를 생각하면 $\beta\colon \mathbb{R}^n \to [0, 1]$도 $\mathcal{C}^\infty$ 급이며 버팀영역이 중심이 원점에 있고 반지름 r인 닫힌 단위구인 함수가 된다. 이를 이용하면 다양체 위의 임의의 점과 이를 포함하는 열린 근방안에 버팀영역을 가지면서 그 점에서는 값이 양수인 다양체 전체에서 매끄러운 함수를 만들 수 있다.

이제 다양체의 유사콤팩트 성질과 거리공간의 성질 등을 사용하여 임의의 피복에 국소적으로 유한한 (locally-finite)[11] 피복을 원래 피복의 멤버들을 조금씩 줄여 만들어 낼 수 있으니, 이런 새로운 피복에 위에 만들어 둔 함수들을 옮겨 심으면 어느 점에서도 그 점의 적절한 콤팩트 근방에서 양수값을 가지는 함수는 유한개 밖에 없게 된다. 이제 이 함수들을 기호 ψ_α 로 표시하면,

$$\sum_{\alpha \in A} \psi_\alpha$$

가 각 점에서 유한한 양수 값을 가지며 매끄러운 함수가 된다. 따라서 각 첨수 $\alpha \in A$ 에 대하여

$$\varphi_\alpha = \frac{\psi_\alpha}{\sum_{\alpha \in A} \psi_\alpha}$$

를 정의하면 M 의 임의의 점에서 당연히 등식 $\sum_{\alpha \in A} \varphi_\alpha = 1$ 이 성립한다. 이것으로 증명이 완결된다. □

[11] 피복 $\{U_\alpha : \alpha \in A$가 국소적으로 유한하다는 말은, 임의의 점 p에 대하여, $\{\alpha \in A : U_\alpha \cap V \neq \emptyset\}$가 유한 집합이 되게 하는 적절한 근방 V가 존재한다는 뜻이다.

1.4 연습문제 모음

문제 1.4.1 북극점을 기준으로 하는 입체투영 (stereographic projection) 함수를 이용하여 n차원 단위구면 S^n 위에 $\mathcal{C}^\infty$급 아틀라스(좌표책)를 구성하여라.

문제 1.4.2 실 사영공간 (real projective space) $\mathbb{RP}^n$ 위에 $\mathcal{C}^\infty$급 아틀라스(좌표책)를 구성하여라.

문제 1.4.3 실수 직선 $\mathbb{R}$ 위의 보통 미분구조는 자명함수 $f(t) = t$를 포함하는 아틀라스를 $\mathcal{F}$로 표시하기로 하자. 실수 직선에 함수 $f(t) = t^3$를 포함하는 또 다른 좌표책 $\mathcal{F}_1$을 구성할 수 있음을 증명하여라. 이렇게 구성된 좌표책에 대해 $\mathcal{F} \neq \mathcal{F}_1$가 성립하기는 하지만, 다양체로서 $(\mathbb{R}, \mathcal{F})$ 와 $(\mathbb{R}, \mathcal{F}_1)$ 은 서로 미분동형 관계에 있음을 또한 보여라.

문제 1.4.4 다양체의 정의 중에서 하우스돌프 (T_2) 조건은 꼭 필요하다. 국소적으로 유클리드 공간과 위상동형이면서 T_2 조건을 제외한 다른 조건 (제2 가부번성, 유사콤팩트, $\mathcal{C}^\infty$ 좌표책의 존재)들을 모두 만족하면서도 하우스돌프 공간이 되지 않는 예를 들어 보아라.

2

접공간, 접다발, 쌍대접공간, 쌍대접다발

2.1 접공간, 접벡터, 벡터장, 미분과 도함수

2.1.1 접벡터와 접공간

미분다양체 이론에서 접공간 개념의 등장은 아주 자연스럽다. 미분이라는 것이 원래 일반적인 비선형 대상을 작게 국소화 하여 선형 대상으로 가장 잘 근사시키는 과정인 만큼 비선형 공간인 다양체 자신의 일차 근사에 해당하는 접공간을 생각하는 것이 당연한 것이다. 하지만, 우리가 소개한 다양체는 어떤 커다란 유클리드 공간 또는 벡터공간의 부분집합이 아닌 독립적인 공간이어서, 어떤 선형 대상을 다양체의 근사 개념으로 설정하려면 무슨 당연하고도 자연스런 방법이 있어야 할 터인데 그게 그리 쉽게 보이지 아니한다. 우리의 다양체는 그것을 포함하는 무슨 커다란 공간이 있지 않고, 오히려 자기 자신이 우주인 것처럼 독립적으로 존재하도록 정의된 까닭에 어디에서 벡터공간을 자연스럽게 가지고 와서 접공간이라고 정의하기가 그리 쉽지 않은 것이다.

그렇다면 미분다양체 위에서는 접벡터 개념을 어떻게 정립해야 할 것인가? 현대 미분다양체 이론에[1] 따르면, 접벡터가 함수의 미분과 가장 밀접한 관계를 가져야 할 것이기에, 미분다양체에 이미 정의되어 있는 미분가능한 함수들의 집합을 근거로 하여 시작하는 것이 적절하다는 관점에서 출발한다.

우선은 다양체와 함수들이 모두 $\mathcal{C}^\infty$ 급인 경우만 생각할 예정이다. 유한한 k 값에 대한 $\mathcal{C}^k$ 급 다양체 이론에 대한 토의는 뒤로 미룬다.[2]

정의 2.1.1 (향미분 ; derivation) $\mathcal{C}^\infty$ 급 다양체 M과 그 위에 있는 점 p, 그리고 p를 포함하는 충분히 작은 열린 근방 U를 생각하자. 그러면 임의의 실수 $a, b \in \mathbb{R}$와 임의의 $f, g \in \mathcal{C}^\infty(U)$에 대하여, 두 조건

(1) $v(af + bg) = av(f) + bv(g)$.

(2) $v(fg) = v(f)g(p) + f(p)v(g)$.

를 만족하는 함수 $v\colon \mathcal{C}^\infty(U) \to \mathbb{R}$를 **점 p에서의 향미분** (derivation at p) 라고 부르기로 한다.

잠시 후에 밝히겠지만, 이 정의에 따르면, M이 유클리드 공간일 경우에는, v는 벡터라기보다는 **방향미분** (directional derivative) **작용소**이다. 하지만 방향미분에 "방향"이 들어 있으

[1] 미분다양체라는 정확한 개념을 확립하려는 노력이 시작된 시기는 1900년 전후라고 한다. 지금 이 책에서 소개하는 수준의 정밀한 내용은 1930년대 이후에 이루어진 연구와 노력의 결과에 그 뿌리를 두고 있다.

[2] 하지만, $\mathcal{C}^k$ 급 다양체와 함수 이론에 $\mathcal{C}^\infty$ 급의 경우보다 더 미묘한 부분이 있을 수 있으니, 별 것 아니라고 성급하게 생각해서는 안 된다.

므로 벡터를 정의할 수 있을 것이라는 생각이 살짝 들게 된다. [3]

한편, 이런 "향미분"이라는 용어는, 함수에 시행하면 곧 방향미분 값을 제시해 주는 함수족을 추상적으로 정의한 것임을 확인하게 될 것이기에 저자가 선택한 것이다. 이를 더 밝히기에 앞서 접공간의 추상적인 정의를 먼저 소개한다.

정의 2.1.2 (접공간, 접벡터) 주어진 미분다양체 M 위의 점 p에 대하여, 집합

$$T_pM = \{v \colon v\text{는 점 } p\text{에서의 향미분}\}$$

를 다양체 M의 점 p에서의 **접공간** (tangent space)이라 정의한다. 접공간 T_pM의 원소를 **접벡터** (tangent vector)로 정의한다.

이 정의가 독자에게 그리 쉽게 받아들여지지 않는다는 것을 저자도 오랜 경험을 통해 잘 알고 있다. 따라서 이를 이해하려면 노력이 필요하다. 대개는 이론이 더 전개됨에 따라 이해도도 함께 깊어지므로, 독자가 인내심을 가지고 이론 전개를 공부해 주었으면 좋겠다.[4]

---

[3]이 정의에서 사용한 $\mathcal{C}^\infty(U)$는 U의 선택이 애매하기 때문에, 정확함을 중시하는 수학자의 감정을 어지럽히는 면이 있다. 이에 대한 해결책도 물론 이미 알려져 있는데, 여기에 필요한 토의는 이 절의 뒷부분에 "함수싹" 개념을 소개하는 마디로 미룬다.

[4]여기 전개하려는 내용은 미분적분학의 미분 이론 부분이다.

2.2 향미분=접벡터

2.2.1 유클리드 공간에서는

향미분(derivation)은 미분가능한 함수에 작용할 때에야 참 역할과 모습이 드러난다. 우리에게 비교적 익숙한 유클리드 공간의 경우, 미분가능한 함수 $h\colon \mathbb{R}^m \to \mathbb{R}$ 를 점 $p = (p_1, \ldots, p_m) \in \mathbb{R}^m$ 에서 벡터 $\vec{v} = (v_1, \ldots, v_m) \in \mathbb{R}^m$)를 따라 미분한다는 것은

$$\lim_{\epsilon \to 0} \frac{1}{\epsilon}[h(p + \epsilon\vec{v}) - h(p)]$$

를 말하는 것이고, 이는 곧

$$\left.\frac{d}{dt}\right|_0 h(p + t\vec{v})$$

와 같으며, 합성함수의 미분공식(=연쇄미분법 = The chain rule)에 의해

$$\sum_{j=1}^{m} v_j \left.\frac{\partial h}{\partial x_j}\right|_p$$

와 같음을 알 수 있다. 이것은 $\mathbb{R}^m$ 의 표준 내적(standard inner product = the dot product)과 **쏠림**, 또는 **쏠림벡터 (gradient)** 개념, 즉

$$\text{grad } h(p) := \left(\left.\tfrac{\partial h}{\partial x_1}\right|_p, \ldots, \left.\tfrac{\partial h}{\partial x_n}\right|_p \right)$$

를 가져다 쓰면

$$\vec{v} \cdot \text{grad } (p)$$

와 같음을 알 수 있다.

중요! 이 시점에서 방향미분에 대하여 한마디 적으려 한다. 이 방향미분은 벡터미적분학 교과서에서 가르치는 방향미분과 다르다! 대부분의 저학년용 미적분학 교과서에서는 $\vec{v}$가 방향만을 표시해야 하며, 따라서 이를 길이가 1인 벡터 $\vec{v}/\|\vec{v}\|$로 바꾸어 **그것만** 사용하도록 강제하고, 그런 교과서를 따라 강의하는 이들도 이를 맹종하는 경우를 많이 보았다. 거기에도 이유가 있기는 하지만 기하학적으로는 썩 합리적이지 않다는 것이 기하학자들의 의견이다. 하지만 이런 차이 때문에 혼동을 피하기 위해서 이 책에서는 방향미분이라는 용어 대신 잠정적으로 "향미분"이라는 용어를 썼다. 이 점을 염두에 두고 지금부터 소개하는 내용을 공부하기 바란다.

위의 토의를 보면 $\vec{v} \cdot \nabla h(p)$의 표현으로부터 $\vec{v}$ 자체를 대응관계로 간주할 수 있는 방법이 보인다. 즉,

$$\vec{v}\colon C^\infty(\mathbb{R}^m) \to \mathbb{R}$$

를

$$\vec{v}(h) := \vec{v} \cdot \nabla h(p)$$

로 정의하는 것이 그것이다. 사실 $\mathbb{R}^m$의 접공간(즉, $\mathbb{R}^m$을 근사적으로 가장 잘 나타내는 벡터공간)이 바로 $\mathbb{R}^m$ 자신인 까닭에, 이런 식의 형식적인 복잡함을 굳이 강제할 필요가 없으며, 그런 만큼 이와 같이 따지는 것을 쓸데없는 짓이라고 느낄 수도 있다. 하지만 독자는 이를 통해 접벡터와 향미분 및 (방)향미분 사이의 관계를 조금은 더 잘 이해할 수 있을 것이다.

이제 향미분(derivation)의 추상적인 정의로부터 우리에게

익숙한 바로 앞의 (기하학자의!) 방향미분이 얻어지는지 점검해 보기로 하자.

정리 2.2.1 (향미분의 표현 ; 유클리드 공간의 경우) **m차원 유클리드 공간 $\mathbb{R}^m$의 직교좌표계 (데카르트 좌표계 ; Cartesian[5] coordinate system)를 $(\bar{x}_1, \ldots, \bar{x}_m)$으로 쓰기로 하자. 그리고, v를 $\mathbb{R}^m$ 위의 점 p에서의 향미분이라 하면,**

$$v = a_1 \frac{\partial}{\partial \bar{x}_1}\Big|_p + \cdots + a_m \frac{\partial}{\partial \bar{x}_m}\Big|_p$$

을 성립시키는 실수 순서쌍 $(a_1, \ldots, a_m) \in \mathbb{R}^m$이 정확히 하나 존재한다.

증명. 데카르트 좌표계를 구성하는 j번째 함수 $\bar{x}_j$가 $\mathcal{C}^\infty$급 함수인 것은 자명한 논리 (tautology)의 결과이므로, 그것을 이용하여

$$a_j := v(\bar{x}_j) \quad (\forall j = 1, \ldots, m)$$

를 정의하기로 하자. 그런 다음, 미분가능한 함수 $h \in \mathcal{C}^\infty(\mathbb{R}^m)$에 대하여 h를 $p = (p_1, \ldots, p_m)$점 주변에서 전개하는 테일러 전개식 (Taylor expansion)

$$h(\bar{x}_1, \ldots, \bar{x}_m) = h(p) + \sum_{j=1}^{m} (\bar{x}_j - p_j) \cdot g_j(\bar{x}_1, \ldots, \bar{x}_m)$$

---

[5] 데카르트 (Rene Descartes)는 라틴어 이름을 가지고 있었고, 그 경우 성이 "Cartesius"였기에, 데카르트 좌표를 영어로 Cartesian coordinate라고 부른다고 한다 [Wikipedia].

를 생각한다. 여기에서 g_j 는 여전히 $\mathcal{C}^\infty$ 급이고, 관계식 $g_j(p) = \frac{\partial h}{\partial \bar{x}_j}\Big|_p$ 를 만족한다. 여기에 v를 적용해 보자.

먼저 $v(h(p)) = 0$가 성립한다. 이를 확인해 보자. 정의 2.1.1의 조건 (2)에 의해

$$v(1) = v(1 \cdot 1) = v(1) \cdot 1 + 1 \cdot v(1) = 2v(1)$$

가 성립하고 이로부터 $v(1) = 0$ 를 얻는다. 이제 $h(p)$가 상수임을 이용하면 조건 (1)로부터 $v(h(p)) = v(h(p) \cdot 1) = h(p)v(1) = 0$ 를 얻는다. 물론 이 논증으로 임의의 상수 c에 대하여 $v(c) = 0$ 도 얻는 것은 당연하다.

다음, 조건 (1)과 (2)를 거듭 사용하면

$$\begin{aligned} v(h) &= v(h(p)) + \sum_{j=1}^{m} [v(\bar{x}_j - p_j) \cdot g_j(p) + (p_j - p_j) \cdot v(g_j)] \\ &= \sum_{j=1}^{m} a_j g_j(p) \\ &= \sum_{j=1}^{m} a_j \frac{\partial h}{\partial \bar{x}_j}\Big|_p \end{aligned}$$

를 얻는다. 따라서

$$v = \sum_{j=1}^{m} a_j \frac{\partial}{\partial \bar{x}_j}\Big|_p$$

를 바로 얻으며, 동시에 증명이 완결되었다. □

위 증명에서 처음으로 $\bar{x}_j$ 라는 기호를 썼는데, 이 기호는 켤레복소수와는 무관하고, 그냥 선형공간 (벡터공간) 의 평평함을

형상화 한 것으로 함수 $\bar{x}_j$ 가 $\mathbb{R}^m$ 이라는 유클리드 공간의 j 번째 좌표를 나타내는 함수임을 보여주고 싶은 의도를 나타내기 위한 것이다. 별 의미는 없지만 편리할 때가 있다.

2.2.2 미분다양체 위에서는?

이제 국소좌표계를 사용하여 위 정리와 비슷한 정리를 만들어 보기로 하자. m 차원 미분다양체 M 이 주어졌고, 점 p 를 포함하는 국소좌표계 (U, ψ) 가 주어졌다고 하자. 함수

$$\psi \colon U \to \bar{U} := \psi(U) \subset \mathbb{R}^m$$

를 함수의 순서쌍으로 표현할 수 있으므로 임의의 점 $q \in U$ 에 대하여

$$\psi(q) = (x_1(q), \ldots, x_m(q))$$

로 쓸 수 있다. 실제로는 각각의 $j \in \{1, \ldots, m\}$ 에 대하여 $x_j := \bar{x}_j \circ \psi$ 로 주어진 것이다.

그러면 기호

$$\left.\frac{\partial}{\partial x_j}\right|_p \quad (j \in \{1, \ldots, m\})$$

가 의미하는 바는 무엇인지 기억을 더듬어 보기로 하자. 그건 사실 미분가능한 함수 $h \colon U \to \mathbb{R}$ 에 적용할 때 의미가 나타나는 향미분의 일종인데 제 1.2.1절의 식 (1.4) 에 제시하였던 바와

같이 정확히

$$\frac{\partial}{\partial x_j}\bigg|_p (h) = \frac{\partial}{\partial \bar{x}_j}\bigg|_{\psi(p)} (h \circ \psi^{-1}) \tag{2.1}$$

와 같은 표현이다.

기호가 복잡해지기는 했지만, 조금만 더 인내심을 발휘해 보자. $\bar{p} := \psi(p) = (x_1(p), \ldots, x_n(p))$, $\bar{h} = h \circ \psi^{-1}$라고 쓰면, 점 $\bar{p}$에서 함수 $\bar{h} : \bar{U} \to \mathbb{R}$의 테일러 전개식을

$$\begin{aligned} &\bar{h}(\bar{x}_1, \ldots, \bar{x}_n) \\ &\quad = \bar{h}(\bar{p}) + \sum_{j=1}^{m} (\bar{x}_j - x_j(p)) \cdot \bar{g}_j(\bar{x}_1, \ldots, \bar{x}_m) \end{aligned} \tag{2.2}$$

로 쓸 수 있다. 이제 양변에 나타난 함수의 오른쪽에 함수 ψ를 합성하여

$$\begin{aligned} &h(x_1, \ldots, x_n) \\ &\quad = h(p) + \sum_{j=1}^{m} (x_j - x_j(p)) \cdot g_j(x_1, \ldots, x_m) \end{aligned} \tag{2.3}$$

를 얻는다. 이제 아래 도움정리를 제시한다.

도움정리 2.2.2 임의의 $j, k \in \{1, \ldots, m\}$**에 대하여 등식**

$$\frac{\partial x_j}{\partial x_k} = \begin{cases} 1 & (j = k\textbf{의 경우}) \\ 0 & (\textbf{그 외의 경우}) \end{cases}$$

가 성립한다.

증명은 독자 스스로 할 만 하다고 생각하기에 연습문제로 둔다.

이제 다양체 위의 향미분을 국소좌표계로 표시할 수 있는 정리를 소개할 수 있게 되었다.

정리 2.2.3 m**차원 다양체** M **위의 점** p**를 포함하는 국소좌표계** $(U, \psi = (x_1, \ldots, x_m))$**가 주어졌다고 하자. 그러면, 임의의 향미분** $v \in T_pM$ **에 대하여, 관계식**

$$v = \sum_{j=1}^{m} v_j \frac{\partial}{\partial x_j}\Big|_p \tag{2.4}$$

를 만족하는 실수 순서쌍 $(v_1, \ldots, v_m) \in \mathbb{R}^m$ **이 정확히 하나 존재한다.**

이 증명은 싱겁게도(?) **도움정리 2.2.1**의 증명을 한 줄씩 따라가면서 기호만 적절히 바꾸면 되기 때문에 연습문제로 돌린다.

문제 2.2.1 위 정리 2.2.3를 증명하여라.

이로부터 아래의 중요한 정리가 따라오게 되었다.

정리 2.2.4 (접공간) m**차원** $\mathcal{C}^\infty$**급 미분다양체의 접공간** T_pM**은** m**차원** $\mathbb{R}$**-벡터공간이다.**

정리 2.2.5 M**이** m**차원** $\mathcal{C}^\infty$**급 미분다양체이고 점** p**를 포함하는 국소좌표계** $(U,(x_1,\ldots,x_m))$**이 주어졌으면 방향미분 작용소**

$$\left.\frac{\partial}{\partial x_1}\right|_p,\ldots,\left.\frac{\partial}{\partial x_m}\right|_p$$

들이 접공간 T_pM**의 기저(좌표틀, basis)를 이룬다.**

지금부터는 **향미분** (derivation)과 **방향미분** (directional derivative)이라는 용어를 같은 뜻으로 사용하도록 하겠다. 이렇게 하면 약간 혼동스러울 수도 있으나 이제까지의 토의가 두 용어가 같은 개념을 지칭하는 이유를 충분히 설명했으니 '씁쓸하지만 몸에 좋은 약을 삼키는 기분'으로라도 받아들였으면 좋겠다.

2.2.3 **함수싹** (function germ)

논리의 정확성과 간결성을 중시하는 수학자에게는, 이제까지 접공간에 대한 정의가 다양체 M과 점 p에만 전적으로 의존하는 것이 옳다는 철학적인 관점임에도, 정의의 내용이 점 p의 적절한 국소좌표근방 U에도 의존해야 했다는 점이 아쉬웠다. 이 점을 해소할 수 있는 방법론이 있는데, 그것이 지금부터 소개하려는 **싹**(germ)이라는 개념이다.

정의 2.2.1 (함수싹, germ of a function) 미분다양체 위의 점 p의 임의의 근방 U와 그 위에 정의된 $\mathcal{C}^\infty$급 실수함수 $f: U \to \mathbb{R}$가 의미를 가지게 해 주는 국소좌표계 (U, f)와 같은 함수조각 (function element)들의 모임을 $\mathcal{F}$로 표시하자. 이 집합의 원소들 사이에 관계(relation) "$\sim$"를

$(U, f) \sim (V, g)$
$\Leftrightarrow$
조건 $p \in W \subset U \cap V$ 와 $f(x) = g(x), \forall x \in W$ 를
만족하는 열린집합 W 가 존재한다.

로 정의하면, 이 관계는 동동관계 (equivalence relation) 가 된다. 이제 이 동등관계에 의해 주어지는 동급 (equivalence class) 들의 모임을 $\mathcal{F}_p$ 로 표시하고 이 집합의 원소를 **점 p 에 정의된 $\mathcal{C}^\infty$ 급 함수싹**이라고 부르자. 함수싹들은 자연스럽게 더하고, 곱할 수 있으며, 상수곱도 가능하니 자연스럽게도 가환대수 (commutative algebra) 구조를 가진다. 이 대수를 **$\mathcal{C}^\infty$ 급 함수싹 대수 (algebra of germs of smooth functions)**라고 부른다.

이제 점 p 에서의 방향미분/향미분 $v \in T_pM$ 를 생각하면, 임의의 함수싹 $g \in \mathcal{F}_p$ 에 대하여 $v(g)$ 가 자연스럽게 정의된다. 즉 $g = [(U, h)]$ 가 되게 하는 함수조각 $(U, h\colon U \to \mathbb{R})$ 을 하나 골라서

$$v(g) := v(h)$$

로 정의하면 되는 것이다. 함수싹의 정의에 의해 g 를 표현하는 함수조각 어느 것을 선택하여도 $v(g)$ 의 값은 정확히 하나로 잘 정의된다.

이와 같이 함수싹은 p 점의 어느 특정한 근방에도 의존하지 않지만, 필요할 때에는 적절한 근방에 정의되는 함수조각으로 "자라나서" $v(g)$ 와 같은 양을 정의하게 해 준다. "함수싹" 이라는 이름이 표현하는 바가 아주 적절하다는 느낌이 들 것이다.

이 함수싹 구성은 별 것 아니지만 수학의 여러 이론에서 자주 나타난다. 이 기회에 잘 익혀 두는 것이 좋을 것 같다.

2.3 접공간을 정의하는 다른 방법

2.3.1 C^k 급 다양체의 경우

M을 n차원 C^k급 다양체라고 하고, k가 자연수라고 하자. 이 경우에 점 p에서의 접공간을 어떻게 정의하면 좋을까?

앞에 소개한 향미분/방향미분 개념은 추상적인 개념으로서의 미분다양체에 자연스러운 벡터공간인 접공간을 대응시켜 마치 미분다양체가 더 커다란 유클리드 공간에 들어있는 것만큼이나 편리하게 접공간을 정의하는 방법을 보여 주었다. 아주 멋진 이론 전개일 뿐만 아니라 앞 절의 함수싹 개념까지 사용하여 접공간의 구성 자체가 특정 국소좌표계의 선택에 의존하지 않도록 하는, 흠 잡을 데 없는 뛰어난 논리 전개를 따른 정의를 제공하였다.

그러나 이 아름다운 방법은 미분다양체가 단순히 유한한 정수 k에 대하여 C^k급인 경우에는 좋지 않다.[6] 그럴 때에는, 조금은 아름다움이 덜해 보이지만, 오히려 국소좌표계 $(x_1, \ldots, x_n)$을 이용하여

$$T_pM = \left\{ \sum_{j=1}^{n} a_j \frac{\partial}{\partial x_j}\bigg|_p : a_1, \ldots, a_n \in \mathbb{R} \right\}$$

로 정의하는 것이 좋다. 이 정의도 국소좌표계에 의존하지 않는다. 즉 점 p를 포함하는 두 개의 국소좌표계 $(U, x = (x_1, \ldots, x_n))$와 $(V, y = (y_1, \ldots, y_n))$이 주어졌으면, 합성함

[6]이런 미묘한 점을 이 책에서는 다루지 않지만, 탐구해 보고 싶은 독자가 있을 것 같다. L. Conlon (1993), Differetiable manifolds (Birkauser)를 참조하여라.

수의 미분공식

$$\frac{\partial}{\partial x_j}\bigg|_p = \sum_{\ell=1}^{n} \frac{\partial y_\ell}{\partial x_j}\bigg|_p \frac{\partial}{\partial y_\ell}\bigg|_p$$

덕분에

$$\begin{aligned}&\left\{\sum_{j=1}^{n} a_j \frac{\partial}{\partial x_j}\bigg|_p : a_1, \ldots, a_n \in \mathbb{R}\right\}\\ &\qquad = \left\{\sum_{j=1}^{n} b_j \frac{\partial}{\partial y_j}\bigg|_p : b_1, \ldots, b_n \in \mathbb{R}\right\}\end{aligned}$$

가 성립하기 때문이다.

2.3.2 $\mathcal{C}^\infty$급 다양체의 함수싹대수 $\mathcal{F}_p$를 이용한 정의

M을 m차원 $\mathcal{C}^\infty$급 다양체라고 하자. 지금 소개하려는 것은 순전히 대수적인 방법으로 접공간을 정의하려는 것인데, 이런 것을 처음 보는 독자에게는 약간 황당하게 보일 수도 있겠지만, 앞에 소개한 방향미분(derivation) 개념과 함께 등장했던 테일러 전개식의 역할을 회상해 보면 이 마디의 내용을 별 거부감 없이 받아들일 수 있을 것이다.

도움정리 2.3.1 $\mathfrak{m}_p := \{g \in \mathcal{F}_p : g(p) = 0\}$ **는 함수싹대수** $\mathcal{F}_p$ **의 유일한 극대이데알 (maximal ideal) 이다.**

증명. 함수 $\Psi: \mathcal{F}_p \to \mathbb{R}$을 $\Psi([f]) = f(p)$로 정의하면, 이 함수는 환 준동형 (ring homomorphism)이며 또한 전사함수이다. $\Psi^{-1}(0) = \mathfrak{m}_p$이므로 대수학의 동형정리 (isomorphism theorem)에 의해 $\mathcal{F}_p/\mathfrak{m}_p$가 실수체 $\mathbb{R}$과 대수동형(isomorphism for algebras)이 되므로 $\mathfrak{m}_p$가 극대이데알인 것은 명백하다. 또한 $[g] \notin \mathfrak{m}_p$이면 $g(p) \neq 0$이고 g의 연속성에 의해 $g(q) \neq 0$ $(\forall q \in V)$ 조건을 만족하는 p의 열린 근방 V가 존재한다. 따라서 $[1/g]$가 $\mathcal{F}_p$의 원소가 된다. 이 과정이 보여주는 바는 곧 $\mathcal{F}_p \setminus \mathfrak{m}_p$의 임의의 원소가 모두 역원을 가진다는 것이고, 따라서 $\mathfrak{m}_p$ 외에 다른 극대이데알이 있을 수 없음이 명백하다. 이것으로 증명이 완결되었다. □

또한 다음 정리가 성립한다.

도움정리 2.3.2

$$\mathfrak{m}_p = \Big\{ \sum_{i=1}^{m} [x_i - x_i(p)][f_i] \colon [f_i] \in \mathcal{F}_p \Big\}.$$

증명. 테일러 전개식에 의해 자명하다. □

계속해서,

$$\mathfrak{m}_p^2 := \Big\{ \sum_{i=1}^{\ell} [f_i][g_i] \colon \ell \text{ 자연수}, \\ [f_1], \ldots, [f_\ell], [g_1], \ldots, [g_\ell] \in \mathfrak{m}_p \Big\}$$

를 생각하면 당연히 $\mathfrak{m}_p^2 \subset \mathfrak{m}_p$이고, 다음을 얻는다.

도움정리 2.3.3 $\mathfrak{m}_p/\mathfrak{m}_p^2$**는** m**차원 벡터공간이다.**

증명. 점 p를 포함하는 근방에서 정의된 국소좌표계 $x = (x_1, \ldots, x_m)$가 주어졌다면 함수 $x_1 - x_1(p), \ldots, x_m - x_m(p)$

들의 p 점에서의 함수싹들이 $\mathfrak{m}_p$ 의 원소이고, 이들이 생성하는 **나머지류** (coset) $[x_j - x_j(p)] + \mathfrak{m}_p^2$ 들이 서로 일차독립임을 보이면 된다.[7] 테일러 전개식이 이들 나머지류가 $\mathbb{R}$ 벡터공간 $\mathfrak{m}_p/\mathfrak{m}_p^2$ 을 생성하는 것을 이미 보이고 있기 때문이다.

증명을 위해 먼저 $[\psi] \in \mathfrak{m}_p^2$ 가 주어지면 적절한 자연수 ℓ 과 함수싹 $[\alpha_1], \ldots, [\alpha_\ell], [\beta_1], \ldots, [\beta_\ell] \in \mathfrak{m}_p$ 들이 존재하여 관계식

$$[\psi] = \sum_{i=1}^{\ell} [\alpha_i][\beta_i] = \Big[\sum_{i=1}^{\ell} \alpha_i \beta_i \Big]$$

를 만족해야 한다. 한편, 임의의 i 에 대해서 방향미분 $\partial_i = \frac{\partial}{\partial x_i}|_p$ 가 조건

$$\partial_i(\psi) = \sum_{i=1}^{\ell} \partial_i(\alpha_i)\beta_i(p) + \sum_{i=1}^{\ell} \alpha_i(p)\partial_i(\beta_i) = 0$$

를 만족한다는 것이 쉽게 확인되고, 이를 이용하면 실수 $r_1, \ldots, r_m$ 에 대하여 조건

$$r_1[x_1 - x_1(p)] + \ldots + r_m[x_m - x_m(p)] \in \mathfrak{m}_p^2$$

가 성립함과 동시에 $r_1 = \cdots = r_m = 0$ 를 얻게 된다. 이것으로 증명이 완결되었다. □

---

[7] coset라는 영문 용어를 대한수학회에서는 "잉여류"로 하도록 추천하고 있다.

도움정리 2.3.4 점 p에서의 방향미분을 벡터공간 $\mathfrak{m}_p/\mathfrak{m}_p^2$ 위에 정의되는 선형함수족 (linear functional)에 대응시키는 자연스러운 1대 1 대응관계, 즉 쌍대함수가 존재한다.

증명. 임의의 원소 $[f] \in \mathfrak{m}_p$와 $[g] \in \mathfrak{m}_p^2$를 택하자. 그러면 $\mathfrak{m}_p^2$의 정의에 의해 표현

$$[g] = \sum_{j=1}^{\ell}[h_j][k_j] = \Big[\sum_{j=1}^{\ell} h_j k_j\Big]$$

가 성립하도록 하는 적절한 자연수 ℓ과 $\mathfrak{m}_p$의 원소 $[h_1], \ldots, [h_\ell]$; $[k_1], \ldots, [k_\ell] \in \mathfrak{m}_p$ 들이 존재해야 한다.

임의의 $v \in T_pM$에 대해

$$v(g) = \sum v(h_j)k_j(p) + h_j(p)v(k_j) = 0$$

가 성립하기 때문에, 접공간 T_pM의 쌍대공간 (dual vector space) 인 $(T_pM)^*$과의 대응관계[8]

$$\Psi\colon g \in \mathfrak{m}_p \to \Psi(g) \in (T_pM)^*$$

를 관계식 $[\Psi(g)](v) = v(g)$를 통해 정의할 수 있다. 함수 Ψ가 잘 정의된 선형함수이며 $\mathfrak{m}_p^2 \subset \mathrm{Ker}\,\Psi$도 명백하다.[9] 따라서 이

---

[8]쌍대공간 V^*는 선형함수족 (linear functional) $f\colon V \to \mathbb{R}$들로 이루어진 공간을 말한다.

[9]선형대수의 일반적인 기호 $\mathrm{Ker}\, L = \{v\colon L(v) = 0\}$를 여기에서도 사용하고 있다.

함수로부터 몫함수 (quotient map)

$$\psi\colon \mathfrak{m}_p/\mathfrak{m}_p^2 \to (T_pM)^*$$

를 얻는다. 이제 $\mathfrak{m}_p^2 \supset \operatorname{Ker}\Psi$를 보이면 ψ가 선형동형임이 도출되고, 증명이 완결된다는 것을 알 수 있다.

이 단계를 보이기 위해 $\Psi(g) = 0$이라고 두면, Ψ의 정의에 의해 조건 $v(g) = 0$이 임의의 $v \in T_pM$에 대해 만족되어야 한다. 특히 p 점 근방의 적절한 국소좌표계 $(U, (x_1, \ldots, x_m))$에 의해 표현되는 좌표축 방향의 방향미분 $\partial_\ell := \frac{\partial}{\partial x_\ell}\Big|_p$에 대해서도 성립해야 한다.

이제, 앞서 사용했던 테일러 전개식을 g에 2차까지 적용해 보자. 적절한 $\mathcal{C}^\infty$급 함수 φ_{jk}들을 포함하는 식

$$\begin{aligned} g(x) = \sum_{j=1}^{m} & a_j(x_j - x_j(p)) \\ & + \sum_{j,k=1}^{n} \varphi_{jk}(x)\cdot(x_j - x_j(p))(x_k - x_k(p)) \end{aligned}$$

를 얻고, $\partial_\ell(g) = 0$가 성립할 조건으로부터 $a_\ell = 0$를 바로 얻게 된다. 이 추론과정이 모든 $\ell = 1, \ldots, m$에 대해 성립해야 하므로 $a_1 = \ldots = a_m = 0$가 성립해야 하고, 따라서 $g \in \mathfrak{m}_p^2$가 도출되며, 결과적으로 증명이 완결되었다. □

유한차원 벡터공간의 이중 쌍대공간(double dual space)이 원래 벡터공간과 자연스런 동형이기 때문에, 바로 앞의 증명으로부터 아래 정리를 얻는다.

정리 2.3.5 T_pM **은** $(\mathfrak{m}_p/\mathfrak{m}_p^2)^*$ **과 자연스런 선형동형** (linearly isomorphic) **관계를 가진다.**

유한차원 $\mathbb{R}$ 벡터 공간은 차원만 같으면 서로 선형동형 관계에 있으므로 이 정리의 명제는 별 것 아니라는 생각을 가질 수도 있다. 하지만 이 정리까지 도달하기 전에 수립된 도움정리들, 특히 **도움정리 2.3.4**과 그 증명을 자세히 복습해 보면 보면 왜 접공간을 $(\mathfrak{m}_p/\mathfrak{m}_p^2)^*$ 으로 정의하는 것이 자연스러운지 이해할 수 있을 것이다.[10]

이렇게 구성된 접공간과 쌍대 접공간의 정의는 대수기하학에서 자주 사용된다. 기억해 두도록 하자.

[10]이를 보통 **대수적 접공간** (algebraic tangent space) 이라고 부른다.

2.4 함수 $f: M \to N$의 미분

2.4.1 미분가능성과 미분

이제 다양체 사이의 함수의 미분에 대해 배워 보기로 하자.

정의 2.4.1 미분다양체 M, N과 함수 $f: M \to N$이 주어졌을 때, 점 $p \in M$를 포함하는 국소좌표계 (U, x)와 점 $f(p)$를 포함하는 국소좌표계 (V, y)가 주어져서 합성함수

$$y \circ f \circ x^{-1}: x(U) \to y(V)$$

가 $\mathcal{C}^k$급이면 **f가 p 점 근방에서 $\mathcal{C}^k$급**이라고 정의하기로 하자. 그리고 이런 조건이 모든 점에서 만족되면 함수 f를 $\mathcal{C}^k$급이라고 부르기로 한다. 물론 이와 같은 $\mathcal{C}^k$급 함수가 존재하기 위해서는 다양체 M, N이 $\mathcal{C}^k$급 이상의 미분구조를 미리 가지고 있어야 한다.

미분가능성은 이로서 정의되었는데, 그럼 미분은 무엇일까? 배경 설명은 뒤로 미루고 $\mathcal{C}^\infty$급의 경우에 통용되는 정의부터 먼저 소개한다.

정의 2.4.2 (미분, derivative) $\mathcal{C}^\infty$급 미분다양체 M, N과 미분가능한 함수 $f: M \to N$, 그리고 점 $p \in M$에 대하여 선형함수 $df_p: T_pM \to T_{f(p)}N$를 관계식

$$(df_p(v))(\varphi) = v(\varphi \circ f) \quad (\forall \varphi \in \mathcal{C}^\infty(N)) \tag{†}$$

에 의해 정의한다. 이 함수 df_p 를 p **점에서 함수** f **의 미분**이라고 부르기로 한다.

정의를 이렇게 하겠다는데 어쩔 수는 없겠으나 df_p 를 정의한다는 관계식이 무슨 뜻을 품고 있는지 묻고 싶은 것은 당연하다. 이에 답하기 위해서는 국소좌표계를 사용하는 것이 효율적이다.

$\dim M = m,\ \ \dim N = n$ 으로 설정하고, 함수 조각 $(U, x = (x_1, \ldots, x_m))$ 과 $(V, y = (y_1, \ldots, y_n))$ 을 각각 점 $p \in M$ 와 점 $f(p) \in N$ 의 국소좌표계라 하자. 이제 $v \in T_pM$ 는 적절한 실수 $a_1, \ldots, a_m$ 에 의해

$$v = \sum_{\mu=1}^{m} a_\mu \frac{\partial}{\partial x_\mu}\Big|_p$$

로 표시되는데, $df_p(v) \in T_{f(p)}N$ 이어야 하니까 당연히

$$df_p(v) = \sum_{\nu=1}^{n} b_\nu \frac{\partial}{\partial y_\nu}\Big|_{f(p)}$$

가 되어야 할 것인데, 그러므로 이 대목에서 $df_p(v)$ 를 결정하는 문제가 $b_1, \ldots, b_n$ 을 $a_1, \ldots, a_m$ 으로 표현하는 방법을 찾는 문제와 같다는 것을 알 수 있다.

이제 자세한 계산을 위해서 미분가능한 함수 $\varphi\colon V \to \mathbb{R}$를 하나 선택하고 식 (†) 를 적용하면,

$$\begin{aligned}\sum_{\nu=1}^{n} b_\nu \frac{\partial}{\partial y_\nu}\Big|_{f(p)} \varphi &= [df_p(v)](\varphi) \\ &= v(\varphi \circ f) \\ &= \sum_{\mu=1}^{m} a_\mu \frac{\partial(\varphi \circ f)}{\partial x_\mu}\Big|_p\end{aligned}$$

를 얻는데, 여기 마지막 식에 기호 $\hat{f}_\nu = y_\nu \circ f$와 합성함수의 미분공식 (즉, 연쇄미분공식)을 사용하면

$$\begin{aligned}\sum_{\nu=1}^{n} b_\nu \frac{\partial}{\partial y_\nu}\Big|_{f(p)} \varphi &= \sum_{\mu=1}^{m} a_\mu \frac{\partial(\varphi \circ f)}{\partial x_\mu}\Big|_p \\ &= \sum_{\mu=1}^{m} a_\mu \sum_{\nu=1}^{n} \frac{\partial \varphi}{\partial y_\nu}\Big|_{f(p)} \frac{\partial y_\nu \circ f}{\partial x_\mu}\Big|_p \\ &= \sum_{\nu=1}^{n} \left(\sum_{\mu=1}^{m} \frac{\partial \hat{f}_\nu}{\partial x_\mu}\Big|_p a_\mu \right) \frac{\partial}{\partial y_\nu}\Big|_{f(p)} \varphi\end{aligned}$$

를 얻게 되고, 이로부터 바로

$$b_\nu = \sum_{\mu=1}^{m} \frac{\partial \hat{f}_\nu}{\partial x_\mu}\Big|_p a_\mu \tag{2.5}$$

또는 행렬 방정식

$$\begin{pmatrix} b_1 \\ \vdots \\ b_n \end{pmatrix} = \begin{pmatrix} \left.\frac{\partial \hat{f}_1}{\partial x_1}\right|_p & \cdots & \left.\frac{\partial \hat{f}_1}{\partial x_m}\right|_p \\ \vdots & \ddots & \vdots \\ \left.\frac{\partial \hat{f}_n}{\partial x_1}\right|_p & \cdots & \left.\frac{\partial \hat{f}_n}{\partial x_m}\right|_p \end{pmatrix} \begin{pmatrix} a_1 \\ \vdots \\ a_m \end{pmatrix} \tag{2.6}$$

를 얻는다. 이것이 (2.5)이 의미하는 바를 국소좌표계로 표현한 것이고, 선형함수 df_p를 표현하는 행렬이 국소좌표계에 의해 주어짐을 알 수 있게 해 주는 계산이다. 위에 나타난 행렬을 벡터미적분학에서 사용했던 용어를 그대로 써서 **야코비 행렬** (Jacobian matrix)이라고 부른다.[11]

2.4.2 연쇄미분공식 즉, 합성함수의 미분

이 계산은 또 다른 장점을 가지고 있다. 우선 유한한 값 k에 대한 C^k급 다양체 사이에 정의된 미분가능한 함수의 미분을 정의하게 해 준다. 또한

정리 2.4.1 (연쇄미분공식, The chain rule) 미분다양체 M, N, P와 미분가능한 함수 $f: M \to N$, $g: N \to P$ 그리고 점 $p \in M$에 대하여

$$d(g \circ f)_p = dg_{f(p)} \circ df_p$$

가 성립한다.

[11]칼 구스타프 야코비 (Carl Gustav Jacob Jacobi: 1804 – 1851), 독일. Elliptic functions, dynamics, differential equations, number theory 등에 많은 업적을 남겼다.

이 정리의 증명은 위의 계산을 충분히 습득하였으면 바로 할 수 있기도 하지만 원래 미분의 정의에 의해 쉽게 도출되기도 한다. 즉, 임의의 $v \in T_pM$ 와 임의의 $[\psi] \in \mathcal{F}_{g\circ f(p)}$ 에 대하여

$$\begin{aligned}[d(g\circ f)_p(v)](\psi) &= v(\psi\circ g\circ f)\\ &= [df_p(v)](\psi\circ g)\\ &= \Big[[dg_{f(p)}]([df_p(v)])\Big](\psi)\\ &= [dg_{f(p)}\circ df_p(v)](\psi)\end{aligned}$$

가 성립하므로 간단히 증명이 끝난다. 국소좌표계와 행렬을 사용하는 증명을 해 보는 것도 공부에 도움이 될 수 있는데, 그건 독자에게 맡겨 둔다.

이 정리의 응용으로 아래 결과도 쉽게 얻을 수 있다.

따름정리 2.4.2 미분다양체 M 과 N 이 미분동형이면 두 다양체의 차원은 반드시 일치한다.

증명. 임의의 집합 X 에 대하여 $i_X(p) = p, \forall p \in X$ 로 정의되는 자명함수를 $i_X\colon X \to X$ 로 쓰는 일반적인 기호를 채택하기로 하자. 주어진 미분동형을 $f\colon M \to N$ 이라 하면 $f^{-1}\colon N \to M$ 도 미분가능하고 관계식

$$f\circ f^{-1} = i_N, \quad f^{-1}\circ f = i_M$$

가 성립하므로, 이 식들을 점 $f(p) \in N$ 와 점 $p \in M$ 에서 각각 미분하면 위 정리 (연쇄미분공식) 에 의하여 아래 두 개의 등식

$$df_p \circ d(f^{-1})_{f(p)} = i_{T_{f(p)}N}, \quad d(f^{-1})_{f(p)} \circ df_p = i_{T_pM}$$

를 얻는다. 따라서 선형함수 $df_p\colon T_pM \to T_{f(p)}N$ 이 선형동형임을 추론할 수 있다. 이로부터 원하는 결과

$$\dim M = \dim T_pM = \dim T_{f(p)}N = \dim N$$

를 얻는다. □

문제 2.4.1 위의 **정리 2.4.1**을 국소좌표계를 이용하여 표현하여라. 또한, 이 과정이 정리의 증명이 됨을 확인하여라.

이 연습문제와, 또 앞으로의 국소좌표계를 이용한 계산에서, 미분다양체 사이에 정의된 함수의 국소적 표현이 편리하게 쓰이게 된다. 즉, 국소좌표계 $(U, x = (x_1, \ldots, x_m))$ 와 $(V, y = (y_1, \ldots, y_n))$ 그리고 함수 $f\colon U \to V$ 의 국소 표현을 위해 기호 $f_\nu = y_\nu \circ f \circ x^{-1}$ 를 사용하여

$$(y_1, \ldots, y_n) = (f_1(x_1, \ldots, x_m), \ldots, f_n(x_1, \ldots, x_m))$$

로 쓰는 것이 그것이다. 천천히 그 의의를 음미해 볼 만한 표현이다.

2.4.3 역함수정리

벡터미적분학의 가장 중심되는 정리인 **역함수정리** (inverse function theorem)는 이제 미분다양체 위에 자연스럽게 옮겨진다.

정리 2.4.3 (역함수정리) ***k가 양의 정수이고 C^k급 미분다양체 사이에 정의된 함수 $f: M \to N$이 역시 C^k급이며, 점 $p \in M$에 대하여 미분 $df_p: T_pM \to T_{f(p)}N$가 선형동형이면, p의 열린 근방 U와 $f(p)$의 열린 근방 V가 존재하여 국한된 함수 $f: U \to V$가 C^k급 미분동형이 된다. 결과적으로 특히, 역함수 $f^{-1}: V \to U$가 C^k급이다.***

증명. 이 정리는 유클리드 공간의 역함수정리와 국소좌표계 그리고 연쇄미분공식에 의해 바로 따라온다.[12] 자세한 증명은 독자를 위한 연습문제로 둔다. □

역함수정리와 동치인 음함수정리 (implicit function theorem) 역시 미분다양체에서 아주 중요한 역할을 담당한다. 그러나 이에 대한 토의는 조금 더 기다렸다가 다른 곳에서 다루도록 하겠다.

---

[12] 수학을 배우다 보면 유클리드 공간의 역함수정리를 제대로 증명하지 않고 그냥 지나치는 수가 많다. 미적분학에서는 어차피 나중에 배운다고 하며 생략하고, 미분다양체론에서는 전에 배웠으니까 ... 하며 생략하는 기법(?) 때문인 수가 많다. 우리는 이 다음 마디 (부록)에서 유클리드 공간의 역함수 정리와 음함수 정리를 증명하도록 하겠다.

2.5 부록: 유클리드 공간의 역/음함수 정리

바로 앞에서 언급했듯이 유클리드 공간의 역함수 정리는 벡터 미적분학의 영역에 속하는 것이지만, 여기에 정확히 정리해 두려 한다. 저자의 의견으로는 M. Spivak 교수의 명저 "Calculus on manifolds" (1965년)의 증명이 가장 멋지고도 쉽다고 생각하여 그곳의 제 35-43쪽에 실린 내용을 발췌, 우리말로 번역하여 싣는다. 이 부록 마디의 내용은 전적으로 스피박 교수의 저서에서 가져 온 것인데 저자가 번역하는 동안 몇 군데 필요한 곳을 조금 손질하였다.

정리 2.5.1 ($\mathbb{R}^n$의 역함수정리) 함수 $f\colon \mathbb{R}^n \to \mathbb{R}^n$이 점 $a \in \mathbb{R}^n$의 열린 근방에서 C^1급이고, $\det df_a \neq 0$라고 가정하자. 그러면, a의 열린 근방 V와 $f(a)$의 열린 근방 W가 존재하여 함수 $f\colon V \to W$의 역함수 $f^{-1}\colon W \to V$가 존재하고 C^1급이며, 동시에 임의의 $y \in W$에 대하여 등식

$$d[f^{-1}]_y = [df_{f^{-1}(y)}]^{-1}$$

가 성립한다.

증명. $a = (a_1, \ldots, a_n) \in \mathbb{R}^n$으로 쓰기로 하자. 선형함수 $\lambda := df_a\colon \mathbb{R}^n \to \mathbb{R}^n$는 선형동형이다. 연쇄미분공식에 의해

$$d(\lambda^{-1} \circ f)_a = \lambda^{-1} \circ df_a = I \text{ (자명함수)}$$

가 성립한다. 만일 정리가 함수 $\lambda^{-1} \circ f$에 대해 성립한다면 함수 f에 대해서도 성립하는 것이 당연하기 때문에, 애초에 df_a가

자명함수 I라고 가정하여도 증명이 일반성을 잃지 않는다.

만일 $f(a+h) = f(a)$가 성립하면

$$\frac{\|f(a+h) - f(a) - I(h)\|}{\|h\|} = \frac{\|h\|}{\|h\|} = 1$$

이지만 f가 C^1 급이기 때문에 정의에 의해

$$\lim_{h\to 0} \frac{\|f(a+h) - f(a) - I(h)\|}{\|h\|} = 0$$

도 성립해야 한다. 따라서 실수 $r > 0$에 대하여 집합

$$U := \{(x_1, \ldots, x_n) \in \mathbb{R}^n : |x_i - a_i| \le r\}$$

를 정의하면, 충분히 작은 양수 r을 선택하였을 때, 조건

(1) $f(x) \ne f(a) \quad (\forall x \in U \setminus \{a\})$

가 성립하게 된다. 또한 함수 f가 U에 속하는 어느 점에서건 C^1 급이고, 또 아래의 두 조건

(2) $\det df_x \ne 0 \quad (\forall x \in U)$.

(3) $\left|\frac{\partial f_i}{\partial x_j}(x) - \frac{\partial f_i}{\partial x_j}(a)\right| < \frac{1}{2n^2} \quad (\forall i, j \in \{1, \ldots, n\}, \forall x \in U)$

가 성립하게 할 수 있다. 이제 식 $g(x) := f(x) - x$로 정의되는 함수 $g : \mathbb{R}^n \to \mathbb{R}^n$을 생각하면 g는 C^1 급 함수이고 이 함수에 중간값 부등식을 사용하면 (3)으로부터

$$\|(f(p) - p) - (f(q) - q)\| \le \frac{1}{2}\|p - q\|$$

를 얻어낼 수 있고,[13] 여기에 삼각부등식을 사용하여

$$\begin{aligned}\|p-q\| - \|f(p)-f(q)\| &\le \|(f(p)-p)-(f(q)-q)\| \\ &\le \frac{1}{2}\|p-q\|\end{aligned}$$

를 얻으며, 이를 정리하여 아래 성질

(4) $\|p-q\| \le 2\|f(p)-f(q)\| \quad (\forall p, q \in U)$

를 얻는다.

이제 집합 U 의 경계를 ∂U 로 쓰기로 하자. $f(\partial U)$ 는 콤팩트 집합인데 (1) 에 의해 $f(a)$ 를 포함하지 않는다. 따라서 적절한 양수 d 가 존재하여

$$\|f(a)-f(x)\| \ge d \quad (\forall x \in \partial U)$$

가 성립한다. 이제

$$W = \{y \in \mathbb{R}^n : \|y - f(a)\| < \frac{d}{2}\}$$

로 정의하자. 그러면 조건

(5) $\|y-f(a)\| < \|y-f(x)\| \quad (\forall y \in W, \forall x \in \partial U)$

가 성립한다.

---

[13] 얼른 추론이 되지 않는다면 이 증명 다음에 있는 연습문제를 공부해 보라.

이 시점에서, 임의의 $y \in W$에 대하여 두 조건 $f(x) = y$와 $x \in U$를 동시에 만족하는 x가 정확히 하나 존재함을 증명하려고 한다.

이를 증명하기 위해서 함수 $h(x) := \|y - f(x)\|^2$를 생각하기로 하자. 좌표를 이용하여 $y = (y_1, \dots y_n)$, $f = (f_1, \dots, f_n)$ 등으로 쓰면 이 함수는

$$h(x_1, \dots, x_n) = \sum_{i=1}^{n} (y_i - f_i(x_1, \dots, x_n))^2$$

이고, 따라서 $\mathcal{C}^1$ 급이다. (5)에 의해서 $h(a) < h(x)$가 임의의 $x \in \partial U$가 성립하고, 따라서 실수함수 $h|_U$의 최소값은 U의 내부에서 일어나야 한다. 이 최소값을 주는 점을 z라 두면 이 점은 h의 특이점, 즉 모든 편미분이 0이 되는 점이다. 따라서

$$2\sum_{i=1}^{n} (y_i - f_i(z)) \frac{\partial f_i}{\partial x_j}(z) = 0 \quad (\forall j = 1, \dots, n)$$

이 성립해야 한다. 하지만 (2)에 의하면 $\det df_z \neq 0$가 성립하고, 따라서

$$y = f(z)$$

가 성립한다는 결론에 이르게 되었다. 이런 z가 U 안에 하나밖에 있을 수 없는 이유는 (4)가 설명한다. 따라서 **임의의 $y \in W$에 대하여 두 조건 $f(x) = y$와 $x \in U$를 동시에 만족하는 x가 정확히 하나 존재한다**는 주장이 증명되었다.

따라서 $U^\circ := U \setminus \partial U$로 두고 $V := U^\circ \cap f^{-1}(W)$로 두면, V는 a를 포함하는 $\mathbb{R}^n$의 열린 부분집합이며, 국한함수 $f : V \to W$

가 역함수 $f^{-1}: W \to V$ 를 가지는 것을 알게 되었다. 한편, (4)를

(6) $\|f^{-1}(y) - f^{-1}(w)\| \leq 2\|y - w\| \quad (\forall y, w \in W)$

로 쓸 수 있으므로 f^{-1} 가 연속임도 쉽게 확인된다.

증명의 남은 단계는 이제 f^{-1} 가 C^1 급임을 보이는 것 뿐이다. 이를 위해, 임의의 $x \in V$ 에 대하여 기호 $\lambda_x = df_x$ 와 $y = f(x)$ 를 사용하여, **역함수 f^{-1} 가 점 x 에서 미분가능하며 $d[f^{-1}]_y = \lambda_x^{-1}$ 가 성립한다**는 것을 보이려 한다.

$\tilde{x} \in V$ 이면 언제나 f 의 미분가능성과 동치 조건인, 등식

$$f(\tilde{x}) = f(x) + \lambda_x(\tilde{x} - x) + \varphi(\tilde{x} - x)$$

가 조건

$$\lim_{\tilde{x} \to x} \frac{\|\varphi(\tilde{x} - x)\|}{\|\tilde{x} - x\|} = 0$$

를 만족하는 함수 φ에 대하여 성립한다. λ_x 가 선형동형이므로

$$\lambda_x^{-1}(f(\tilde{x}) - f(x)) = \tilde{x} - x + \lambda_x^{-1}\varphi(\tilde{x} - x)$$

가 성립하며, $f: V \to W$ 가 일대 일 대응 (bijective) 함수이므로 $\tilde{y} = f(\tilde{x})$, $y = f(x)$ 로 두면 위의 등식은

$$f^{-1}(\tilde{y}) = f^{-1}(y) + \lambda_x^{-1}(\tilde{y} - y) + \lambda_x^{-1}(\varphi(f^{-1}(\tilde{y}) - f^{-1}(y))$$

로 쓸 수 있다. 따라서 남은 작업은

$$\lim_{\tilde{y}\to y} \frac{\|\lambda_x^{-1}(\varphi(f^{-1}(\tilde{y}) - f^{-1}(y)))\|}{\|\tilde{y} - y\|} = 0$$

를 보이는 것이다.

λ_x^{-1}가 $\tilde{y}$와 무관한 선형함수이므로 위 등식은

$$\lim_{\tilde{y}\to y} \frac{\|\varphi(f^{-1}(\tilde{y}) - f^{-1}(y))\|}{\|\tilde{y} - y\|} = 0$$

와 동치관계에 있는데, 식

$$\begin{aligned}
&\frac{\|\varphi(f^{-1}(\tilde{y}) - f^{-1}(y))\|}{\|\tilde{y} - y\|} \\
&\quad = \frac{\|\varphi(f^{-1}(\tilde{y}) - f^{-1}(y))\|}{\|f^{-1}(\tilde{y}) - f^{-1}(y)\|} \cdot \frac{\|f^{-1}(\tilde{y}) - f^{-1}(y)\|}{\|\tilde{y} - y\|} \\
&\quad \le \frac{\|\varphi(f^{-1}(\tilde{y}) - f^{-1}(y))\|}{\|f^{-1}(\tilde{y}) - f^{-1}(y)\|} \cdot 2
\end{aligned}$$

가 성립하고 (마지막 부등식은 (6)에 의해 얻어진다), f^{-1}의 연속성과 φ의 성질에 의해 $\|\tilde{y} - y\|$이 0으로 한없이 가까워짐에 따라 마지막 항이 0으로 수렴함을 알 수 있다. 이로써 $f^{-1}: W \to V$의 미분가능성과 등식 $d[f^{-1}]_y = \lambda_x^{-1},\ \forall x \in V$가 증명된다.

이제 선형대수학의 크레이머 공식 (Cramer's rule)을 사용하여 행렬 λ_x^{-1}를 행렬 λ_x로부터 구하는 과정을 회상해 보면 $x \to \lambda_x$의 연속성이 대응관계 $x \to \lambda_x^{-1}$의 연속성을 보증한다. 이제 이 함수와 f^{-1}를 합성하면 $y \to d[f^{-1}]_y$의 연속성이 얻어지며 최종적으로 f^{-1}가 $\mathcal{C}^1$급임이 증명된다. 이것으로 역함수

정리의 증명이 완결되었다. □

계속해서, 음함수 정리를 소개한다. (이 정리는 이 책 4.2의 **정리 4.2.1**과 같다.

정리 2.5.2 (음함수 정리 (Implicit function theorem)) 점 $(a,b) \in \mathbb{R}^n \times \mathbb{R}^m$ **과 함수** $f\colon \mathbb{R}^n \times \mathbb{R}^m \to \mathbb{R}^m$ **이 주어졌고, 이 함수가 조건** $f(a,b) = 0$ **을 만족하며 점** (a,b) **를 포함하는 열린 근방에서** C^1 **급이라 하고,** μ **를** ij **번째 원소가** $\frac{\partial f_i}{\partial x_{n+j}}\Big|_{(a,b)}$ **인** $m \times m$ **행렬이라 두자. 만일** $\det \mu \neq 0$ **가 성립하면,** a **를 포함하는** $\mathbb{R}^n$ **의 열린 근방** A **와, 두 조건** $g(a) = b$ **와** $f(x, g(x)) = 0$ $(\forall x \in A)$ **를 만족하는 함수** $g\colon A \to \mathbb{R}^m$ **가 존재한다. 그리고 이 함수** g **는** A **를 충분히 작게 선택하면 유일하게 결정되며,** C^1 **급이다.**

증명. 함수 f 대신 $\tilde{f}(x,y) := f(x, y+b)$ 에 대하여 정리를 증명하면 충분하므로 $b = 0$ 으로 가정하여도 증명의 일반성이 유지된다. 따라서 $b = 0$ 으로 두자.

함수 $F\colon \mathbb{R}^n \times \mathbb{R}^m \to \mathbb{R}^n \times \mathbb{R}^m$ 를 $F(x,y) := (x, f(x,y))$ 로 정의하자. 그러면 단순 계산에 의해 $\det dF_{(a,b)} = \det \mu \neq 0$ 를 얻는다. 바로 위의 역함수정리 (**정리 2.5.1**) 에 의하여, 점 $F(a,b) = (a,0)$ 을 포함하는 $\mathbb{R}^n \times \mathbb{R}^m$ 의 열린 부분집합 W 로부터 (a,b) 의 열린 근방 V 로 가는 역함수가 존재한다. 물론 h 는 C^1 급이다.

이제 $(x,y) = h \circ F(x,y)$ 로부터 직접 계산에 의해 $h(x,y) = (x, k(x,y))$ $(\forall (x,y) \in W)$ 가 얻어진다. 이렇게 얻어진 함수 k 는 유일하게 결정되며, C^1 급이다. 정사영함수 $\pi\colon \mathbb{R}^n \times \mathbb{R}^m \to$

$\mathbb{R}^m$ 을 $\pi(x,y) = y$ 로 정의하면, $\pi \circ F = f$ 는 당연하다. 결론적으로

$$\begin{aligned} f(x, k(x,y)) &= f \circ h(x,y) \\ &= \pi \circ F \circ h(x,y) = \pi(x,y) = y \end{aligned}$$

가 점 $(a,b) = (a,0)$ 의 근방에서 성립한다. 이제 $g(x);= k(x,0)$ 로 두면 점 a 의 충분히 작은 근방에서 (A 라 하자) 이 함수가 잘 정의되며 $\mathcal{C}^1$ 급이고 $f(x,g(x)) = 0$ $(\forall x \in A)$ 를 만족한다.

마지막으로, $F(x,g(x)) = (x, f(x,g(x))) = (x,0)$ 로부터 $(x,g(x)) = h(x,0) = (x,k(x,0))$ 가 얻어지므로 g 의 유일성이 바로 도출된다. 이것으로 정리의 증명이 완결되었다. □

보충 2.5.1 여기에서는 역함수정리가 임의의 차원에서 성립한다는 명제를 이용하여 임의 차원 음함수 정리를 증명하였다. 역도 성립하는데 증명할 수 있겠는가? 아래에 연습문제로 둔다. 결론적으로 역함수 정리와 음함수 정리는 논리적으로 동치 관계에 있다.

문제 2.5.1 임의의 차원에서 음함수 정리가 성립한다는 명제를 가정하고, 임의 차원 역함수 정리를 증명하여라.

문제 2.5.2 임의의 정수 $k \geq 1$ 에 대하여, 음함수 정리와 역함수 정리 두 경우 다, 원래 함수가 $\mathcal{C}^k$ 급이면 결론에 나타나는 함수 역시 $\mathcal{C}^k$ 급이 된다. 이를 증명하여라.

2.6 도함수와 미분형식, 접다발과 쌍대 접다발

미적분학을 배울 때 고정된 점 p에서 함수 f 의 미분값 $f'(p)$는 미분계수라고 부르고 이를 망라하는 함수 $p \to f'(p)$는 기호 f'로 표현하고 도함수(derivative)라고 불렀던 것을 기억할 것이다. 미분다양체 이론에서도 같은 구성을 할 수 있으며, 쓰임새도 많다. 즉 대응 $df : p \mapsto df_p$를 생각할 예정인데, 주의할 점이 있다. 함수 df_p의 정의역과 치역에 해당하는 공간들이 p에 따라 변한다는 점이 껄끄럽기 때문이다.

2.6.1 접다발 (tangent bundle)

그래서 미분다양체 M 위의 접공간을 모두 포함하는 (최소의) 공간을 생각해야 한다. 정확히 말하자면

$$TM := \bigcup_{p\in M} \{p\} \times T_pM$$

를 생각하는 것이다. 그냥 T_pM이라고 써도 되지만, 이 대목에서 특별히 $\{p\} \times T_pM$을 쓴 이유는 $p \neq q$일 경우에는 $T_pM \cap T_qM$이 공집합임을 강조하기 위한 것이다.[14] 그러므로 이 시점 이후에는 **접다발**(Tangent bundle)을 그냥 아래 기호

$$TM := \bigcup_{p\in M} T_pM \tag{2.7}$$

[14]이제까지 전개해 온 이론에 따르면 $p \neq q$일 경우에는 T_pM 과 T_qM 사이에는 아무런 관계도 없으므로 두 공간의 공통부분은 원천적으로 존재하지 아니한다. 심지어는 원점인 영벡터도 서로 다르다.

로 쓰도록 하는데, 다만 **바탕점**(base point) p, q가 서로 다르면, 접공간 T_pM 과 T_qM 사이의 공통부분이 없다는 점을 명심하도록 하자.

2.6.2 쌍대 접다발 (cotangent bundle)

앞에서도 잠깐 등장하였던 접공간의 쌍대공간인 **쌍대접공간** (cotangent space)

$$T_p^*M = (T_pM)^* := \{\ell \colon T_pM \to \mathbb{R} \mid \text{선형함수}\} \qquad (2.8)$$

를 생각하기에 적절한 시점이 되었다. 유한차원 벡터공간 이론에서 잘 공부하였듯이 이런 공간을 이해하는 좋은 방법 중 하나가 소위 **쌍대 기저** (dual basis)를 설정하는 것이다. 우리도 그 방법을 따르려 한다.

쌍대 접공간의 원소들은 자연스럽게도 **쌍대접벡터** (cotangent vector) 라고 부른다. 그러나, 지금은 이런 이름을 소개하는 데에서 멈추지 않고 한 걸음 더 나아가 쌍대접벡터를 국소좌표계로 표현할 수 있는 기저를 설정하는 것까지가 모두 우리의 당면 목표임을 잊지 말자.

접공간 T_pM 의 **기저** (basis)로 가장 자연스러운 것은 p 점 근방의 국소좌표계 $(U, (x_1, \ldots, x_m))$ 으로부터 파생된

$$\left.\frac{\partial}{\partial x_1}\right|_p, \ldots, \left.\frac{\partial}{\partial x_m}\right|_p$$

이었다. 따라서 이렇게 선택된 기저에 대하여 선형대수학에서

소개하는 쌍대 기저는 선형함수족 (linear functional)

$$\ell_1, \ldots, \ell_m$$

으로서, 관계식

$$\ell_j\Big(\frac{\partial}{\partial x_k}\Big|_p\Big) = \begin{cases} 1 & (j = k) \\ 0 & (j \neq k) \end{cases} \tag{2.9}$$

를 만족하는 것들이고, 쌍대접공간 T_pM은 이들 쌍대 기저의 일차결합(linear combination)으로 이루어진 공간이 된다. 미분다양체 이론에서는 이 쌍대 기저에 특별한 기호를 부여하고 있다. 즉

$$\ell_j = dx_j|_p \quad (j = 1, \ldots, m)$$

가 그것이다. 되풀이하자면, 쌍대접공간의 원소들은 실수 $a_1, \ldots, a_m$에 대해

$$a_1 dx_1|_p + \ldots + a_m dx_m|_p \tag{2.10}$$

으로 이루어져 있으며 $dx_j|_p$의 의미는 접벡터들에 작용하는 선형함수족이고 작용하는 방법은 (2.9)를 따른다.

문제 2.6.1 $\left(\sum_{\mu=1}^m a_\mu dx_\mu|_p\right)\left(\sum_{\nu=1}^m b_\nu \frac{\partial}{\partial x_\nu}\Big|_p\right)$을 계산하여라.

문제 2.6.2 쌍대 접공간이 자연스럽게 $\mathfrak{m}_p/\mathfrak{m}_p^2$와 동형이 되는지 확인하여라.

이제 자연스럽게 **쌍대접다발**(cotangent bundle)을 정의할 수 있게 되었다. 즉,

$$T^*M = \bigcup_{p \in M} T_p^*M$$

이 그것이다.

보충 2.6.1 기호 $dx_j|_p$ 를 위와 같이 정의한 것을 받아들이더라도, x_j 가 함수인 것을 고려한다면 (실제로 $x_j : U \to \mathbb{R}$ 이 미분가능한 함수인 것은 국소좌표계의 정의에 의해 당연하다.) 이 함수의 미분인

$$dx_j|_p : T_pM \to \mathbb{R}$$

의 정의상

$$dx_j|_p\left(\frac{\partial}{\partial x_k}\bigg|_p\right) = a\frac{d}{dt}\bigg|_{x_j(p)}$$

가 성립하게 하는 실수 a 가 있어야 한다. 물론 여기에서 t 는 실수직선 $\mathbb{R}$ 의 좌표계인 자명함수(identity map)를 나타내고 있다. 그러면,

$$a = dx_j|_p\left(\frac{\partial}{\partial x_k}\bigg|_p\right)(t)$$

가 성립하고 앞 절까지 전개했던 이론을 따라

$$a = \frac{\partial}{\partial x_k}\bigg|_p (t \circ x_j) = \frac{\partial x_j}{\partial x_k}\bigg|_p$$

가 얻어지니, $j = k$ 인 경우에는 $a = 1$, 그 외의 경우에는 $a = 0$ 가 얻어지고, 결국 위에서 거의 우격다짐처럼 사용하였던 $dx_j|_p$ 의 정의가 사실은 자연스러운 기호를 소개한 것이었다는 점이

밝혀졌다.

2.6.3 접다발과 쌍대 접다발의 미분 구조

m차원 $\mathcal{C}^\infty$급 미분다양체 M 의 접다발 TM 에는 아주 자연스러운 미분구조가 있다. 이를 설명하기 위해 투영함수 (projection map)

$$\pi : TM \to M$$

로부터 출발해 보자. 임의의 원소 $v \in TM$ 는 특정 접공간 T_pM 에 속하는데, 바탕점이 서로 다른 접공간 사이에 공통부분이 없기 때문에 $v \in T_pM$ 를 성립하게 하는 점 $p \in M$ 는 v에 따라 정확히 하나만 주어진다. 따라서

$$\pi(v) = p$$

로 정의되는 π는 잘 정의된(well-defined) 함수이다. 이것이 투영함수이며, 물론 $\pi^{-1}(p) = T_pM$ 가 성립한다.

이제 이 투영함수 π를 이용하여 접다발 TM 에 위상(topology)을 자연스럽게 정의할 수 있다. 즉 점 $p \in M$ 를 포함하는 국소좌표계 $(U, (x_1, \ldots, x_m))$가 주어질 때마다 함수

$$\psi_U : \pi^{-1}(U) = \bigcup_{q \in U} T_qM \to U \times \mathbb{R}^m$$

를

$$\psi_U\Big(\sum_{j=1}^m a_j \frac{\partial}{\partial x_j}\Big|_q\Big) = (q; a_1, \ldots, a_m)$$

로 정의하고, 이 함수가 위상동형(homeomorphism)이 되도록 위상을 정의하면, 이를 바탕으로 접다발 TM에 위상을 줄 수 있다.

동시에 이 함수를 TM의 미분구조를 정의할 국소좌표계로 사용하면 접다발 TM이 미분다양체가 된다. 이 미분구조에 의하면 TM은 $\mathcal{C}^\infty$급 $2m$차원 다양체이다. 이 시점에서 이 명제를 증명하는 것은 상당히 쉬워졌다. 독자를 위한 연습문제로 둔다.

비슷한 방법으로 쌍대 접다발의 미분구조가 정의된다. 독자가 직접 확인하여 보기 바란다.[15]

2.6.4 도함수 (derived map) 벡터장 (vector field) 그리고 미분 1형식 (differential 1-form)

접다발과 쌍대 접다발이 미분구조를 갖추게 된 덕택에 이제는 **도함수** (derivative = derived map)이라는 개념을 소개할 수 있게 되었다. 미분가능 함수

$$f: M \to N$$

에 대하여 df라는 대상을 정의하되

$$df: (p \in M) \mapsto (df_p: T_pM \to T_{f(p)}N)$$

[15] 유한차원 선형대수학에서 2중 쌍대공간이 원 벡터공간과 자연스럽게 동일시 된다는 부분을 회상하는 것이 도움이 될 것이다.

로 정의하는 것이다. 이런 함수는 미분가능한 함수일까? 그렇다면 df_p 라는 것은 어떤 대상이며, 이런 대상을 모은 집합은 모종의 미분구조를 가지는 미분다양체일까? 만일 답이 모두 긍정적 (affirmative) 이라면 df 가 미분가능한 함수라는 말을 할 수 있지 않을까? 여러 가지 질문이 꼬리를 물고 일어난다.

이런 질문에는 소위 다중선형대수 (multi-linear algebra) 라는 대수적 개념을 사용하여 체계적으로 정리된 긍정적인 대답을 줄 수 있는데[16], 지금은 일단 그렇다고 신뢰하기로 하자. 그렇다면 "**f 의 도함수가 df 이다.**" 라는 "용감한" 선언도 쉽게 받아들일 수 있을 것이다.

잠시 숨을 고르고, 이번에는 벡터장 (vector field) 개념을 소개하기로 하자. 우선 다양체 M 의 열린 부분집합 (open subset) V 가 주어졌으면 (미분가능한) 함수 $X : V \to TM$ 를 생각하는 것이 첫 번째 시도이다. TM 의 원소들은 접벡터들이므로, X 는 V 의 각 점에 일종의 접벡터를 대응시킨다고 보면 되겠다. 가장 자연스러운 경우, 즉 각 점마다 그 점에서 다양체 M 에 접하는 것이므로 이런 대응관계를 **접벡터장 (tangent vector field)** 이라고 부른다. 이런 생각을 체계화한 것이 아래의 정의이다.

정의 2.6.1 미분다양체 M 의 열린 부분집합 V 에 대하여 정의되는 미분가능한 함수 $X : V \to TM$ 으로서 조건

$$\pi \circ X = \mathrm{id}_V \tag{2.11}$$

[16]이 부분에 대한 답은 후에 다중선형형식 (mutlilinear forms; tensors) 을 다루는 절에서 취급할 것이다.

를 만족시키는 것을 **접벡터장**이라 부른다. (기호가 암시하듯 $\mathrm{id}_V : V \to V$ 는 V 의 자명함수 (identity map)이다.)

그렇다면 접벡터장은 국소좌표계를 통해 어떻게 표시될까? 미분다양체 M 의 한 점 p를 포함하는 국소좌표계가 $(U, (x_1, \ldots, x_n))$ 이라면 점 $q \in U$ 를 임의로 선택하더라도 접벡터

$$\left.\frac{\partial}{\partial x_1}\right|_q, \ldots, \left.\frac{\partial}{\partial x_m}\right|_q$$

들은 1차 독립이다. 따라서 임의의 접벡터장 $X : U \to TM|_U$ 가 주어졌다면 $X(q) \in T_qM$ 가 성립해야 한다는 조건에 의해

$$X(q) = \sum_{j=1}^{m} a_j(q) \left.\frac{\partial}{\partial x_j}\right|_q$$

가 성립해야 한다. 물론 $q \in U \mapsto a_j(q) \in \mathbb{R}$은 실수값을 가지는 실수함수이다.

그렇다면, $a_1, \ldots, a_m$ 들은 어떤 함수일까? 접벡터장 X 가 $\mathcal{C}^k$ 급이라면 이들도 $\mathcal{C}^k$ 급일까?

답은 물론 긍정적인데, 그 이유는 접다발의 미분구조를 주는 함수 ψ_U 의 정의 때문이다. 즉

$$\begin{aligned} q \mapsto \psi \circ X(q) &= \psi_U\Big(\sum_{j=1}^{m} a_j(q) \left.\frac{\partial}{\partial x_j}\right|_q \Big) \\ &= (q; a_1(q), \ldots, a_m(q)) \end{aligned}$$

가 성립하며 이 함수가 $\mathcal{C}^k$ 급이기 때문이다.

결론적으로 $\mathcal{C}^k$급 접벡터장은 국소적으로 $\mathcal{C}^k$급 함수 $a_j : U \to \mathbb{R}$들에 의해

$$X(\cdot) = \sum_{j=1}^{m} a_j(\cdot) \frac{\partial}{\partial x_j}\bigg|_{\cdot}$$

라는 표현을 가지게 되었다. 기하학자들은 기호 $X(p)$와 같은 뜻으로 X_p를 즐겨 쓴다. 우리도 이 기호를 사용할 것이다.

접벡터장처럼 쌍대 접다발의 경우에도 비슷한 개념을 생각할 수 있다. 먼저 투영함수

$$\pi^* : T^*M \to M$$

를 $\pi^*(T_p^*M) = p$로 정의하고, 계속하여 아래 정의를 수립한다.

정의 2.6.2 미분다양체 M의 열린 부분집합 V에 대하여 정의되는 미분가능한 함수 $\alpha : V \to T^*M$로서 조건

$$\pi^* \circ \alpha = \mathrm{id}_V \tag{2.12}$$

를 만족시키는 것을 **미분 1형식** (differential 1-form)이라 정의한다.

접다발과 접벡터장의 경우처럼 미분 1형식도 국소좌표계에 의한 표현을 가진다.

$$\alpha = \sum_{j=1}^{\infty} a_j dx_j$$

가 그것이며, α가 C^k급이라는 것과 계수함수들이 C^k급이라는 것은 자연스럽게 동치 관계에 놓이게 된다. 이를 증명하는 것은 접벡터장의 경우와 거의 같으므로 생략한다.

2.6.5 벡터장과 미분 1형식의 변환

이 시점에서 이제까지 소개된 개념들을 개략적으로 정리해 보는 것이 좋겠다. 이론 전개의 한 줄기가

> 미분다양체/미분가능함수 → 접벡터와 접공간
> → 다양체사이를 잇는 함수의 미분 → 벡터장

이라면 그 짝이 되는 다른 한 줄기는

> 미분다양체와 미분가능함수 → 쌍대접벡터와 쌍대
> 접공간 → 다양체 사이를 잇는 함수의 미분
> → 미분 1형식

으로 정리하면 무난할 것이다.

이렇게 정리한 각 줄기의 마지막 부분을 보면, 다양체 사이에 정의된 미분가능한 함수 $f: M \to N$에 의해 벡터장이 어떻게 변환되는지, 또 미분 1형식은 어떻게 변환되는지 보다 확실히 해 둘 필요를 느낀다.

이제까지 해 온 이론 전개가 현대 수학의 기초이며 정통 방법론인 미적분학과 선형대수학의 이론 전개방식을 철저히 따른 만큼 벡터장과 미분 1형식의 변환 역시 매우 자연스럽게 정의될 것임을 기대할 만 하다.

벡터장을 국소좌표계로 표현한 데에서도 느꼈듯이, 벡터장은 미분작용소 (differential operator) 와 구분이 되지 않는다. 즉, 다양체 위의 임의의 열린 집합에 정의된 매끄러운 실수 함수 ψ 가 주어졌으면 벡터장 X 를 ψ 에 또다른 매끄러운[17] 함수 $X\psi$ 가 대응되는 것으로 생각해도 무방하다. 이 새 함수의 정의는 물론

$$(X\psi)(p) := X_p(\psi)$$

로 정의되겠다.

그렇다면 매끄러운 함수 $f\colon M \to N$ 가 주어졌고, X 가 M 의 매끄러운 벡터장이면, 자연스럽게 $df(X)$ 도 정의된다. 즉

$$(df(X))\varphi := X(\varphi \circ f)$$

로 정의하면 되는 것이다.

이번에는 미분 1형식의 변환을 생각해 보기로 하는데, 그 전에 마땅히 해 두었어야 할 쌍대접벡터의 변환도 다룬 적이 없기 때문에--놀라지 마시라, 저자가 그냥 빼 먹었다!--지금이라도 거기에서부터 출발한다.

선형대수학에는, 주어진 벡터공간 사이의 선형함수 $A\colon V \to W$ 에 대하여 이에 대응하는 **쌍대함수** (adjoint map, dual map) $A^*\colon W^* \to V^*$ 가 쌍대 공간의 특징에 어울리게 잘 정리되어

---

[17]**'매끄럽다'는 통상적인 용어**: 이 시점부터 "매끄럽다" (smooth) 는 용어를 보다 통상적인 용어로 쓰는 것이 편리할 것 같다. 이제까지 $k = 0, 1, 2, \ldots, \infty$ 값에 따라 함수와 다양체 등에 대해 C^k 급이라는 정확한 용어만을 사용했으나, k 의 값이 특별히 중요하지 않은 경우에는, 그냥 "매끄러운 다양체", "매끄러운 함수" 등과 같이 "매끄럽다"라는 용어를 통상적으로 사용할 것이다.

있다. 관계식

$$(A^*(w^*))(v) := w^*(A(v)) \quad (\forall v \in V,\ \forall w^* \in W^*)$$

를 사용하여 정의하는 것이 그것이다. 그러므로 우리도 임의의 $v \in T_pM$ 와 $\beta \in T^*_{f(p)}N$ 에 대하여 관계식

$$(\delta f|_{f(p)}(\beta))(v) := \beta(df|_p(v))$$

를 이용하여 $\delta f|_{f(p)} : T^*_{f(p)}N \to T^*_pM$ 를 정의하면 되겠다. 따라서 다양체 N 의 미분 1형식 ω 에 대해서는 물론

$$(\delta f(\omega)) : p \to \omega_p(df|_p(X_p))$$

로 정의하면 된다.

이런 계산을 할 때에 사용하는 기호들은 워낙 잘 만들어져 있어서 어느 점이 어디에 대응되고 어떻게 계산을 해야 하는지 구분이 "기호만 보아도 당연할 정도로" 잘 된다. 따라서 간략한 기호를 선호하는 대부분의 기하학자들이

$$f^*\omega := \delta f(\omega), \quad f_*(X) = df(X)$$

로 쓰기도 하니까, 우리도 이 전통을 따를 생각이다.

다음은 뭘 생각해야 할까?

이쯤 되면 독자들도 대략 감을 잡았을 것이다. 그렇다. 이걸 국소좌표계로 표현해 보려고 한다. 이전까지의 연습문제와 논

증에서 보았듯이 국소좌표계를 쓰는 추론은 대부분 연쇄미분공식을 따라 이루어졌는데 이 부분 계산도 그렇다. 결과만 간단히 적으면 M 의 국소좌표계 $x = (x_1, \ldots, x_m)$, N 의 국소좌표계 $y = (y_1, \ldots, y_m)$, 함수 $f\colon M \to N$ 의 국소 표현

$$y_k = f_k(x_1, \ldots, x_m), \quad (j = 1, \ldots, n)$$

와 매끄러운 실수함수 $a_1(x), \ldots, a_k(x)$ 및 $b_1(y), \ldots, b_n(y)$ 등에 의해 주어지는 벡터장

$$X = \sum_{j=1}^{m} a_j(x) \frac{\partial}{\partial x_j}$$

그리고, 미분 1형식

$$\omega = \sum_{k=1}^{n} b_k(y)\, dy_k$$

가 주어졌을 때,

$$f_* X = \sum_{k=1}^{n} \Big(\sum a_j(x) \frac{\partial f_k}{\partial x_j} \Big) \frac{\partial}{\partial y_k}$$

가 성립하며, 또한

$$f^* \omega = \sum_{j=1}^{m} \Big(\sum_{k=1}^{n} b_k(f(x)) \frac{\partial f^k}{\partial x_j} \Big)\, dx_j$$

가 성립한다. 이것을 증명하는 것은 독자를 위한 연습문제로 둔다.

2.7 연습문제 모음

문제 2.7.1 매끄러운 다양체 위의 리만구조(Riemannian structure)라는 것은 임의의 점 p과 그 점 근방에 정의되는 임의의 매끄러운 벡터장 X, Y에 대하여 정의되는 내적이 매끄러운, 즉 어떤 매끄러운 벡터장 X, Y에 대하여도 대응관계 $p \to \langle X_p, Y_p \rangle_p$가 항상 매끄러운 함수가 되도록 하는 대응관계 $p \to \langle\ ,\ \rangle_p$를 말한다. 우리가 다루는 모든 매끄러운 다양체 위에 리만 구조가 항상 존재함을 증명하여라.

문제 2.7.2 관계식 $f(x, y) = x^3 + xy + y^3 + 1$로 정의된 함수 $f\colon \mathbb{R}^2 \to \mathbb{R}^1$에 대하여 아래에 답하여라.

(a) 함수 $df_p\colon T_p\mathbb{R}^2 \to T_{f(p)}\mathbb{R}^1$의 구체적인 표현을 구하여라.

(b) p 가 $(0,0), (1/3, 1/3), (-1/3, -1/3)$ 중 하나라고 하자. 각각의 경우에 df_p 가 단사함수인지, 혹은 전사함수인지를 밝혀라.

문제 2.7.3 $GL(n, \mathbb{R}) = \{A\colon n \times n\text{행렬}, \det A \neq 0\}$는 모든 $n \times n$ 행렬이 이루는 공간의 열린 부분집합이므로 명백한 미분 구조를 가지는 다양체가 된다. 이 다양체 위의 매끄러운 곡선들을 이용하여 이 다양체의 한 점에서 정의되는 접공간을 계산하여라. 그리고, $A \in GL(n, \mathbb{R})$ 이라 할 때, 관계식 $\ell_A(B) = AB$로 정의되는 함수 $\ell_A\colon GL(n, \mathbb{R}) \to GL(n, \mathbb{R})$에 대하여 함수 $d\ell_A|_I\colon T_I GL(n, \mathbb{R}) \to T_A GL(n, \mathbb{R})$의 구체적인 식을 계산하여라.

문제 2.7.4 매끄러운 함수 $f\colon \mathbb{R}^3 \to \mathbb{R}^2$는 어느 점 근방에서도 국소 미분동형이 될 수 없음을 증명하여라. (참고: 국소 위상동형도 불가능하지만 이 명제의 증명은 미적분학을 사용할 수 있어서 더 간단하다.)

문제 2.7.5 양수 n차원 미분다양체 M이 콤팩트이고, 함수 $f\colon M \to \mathbb{R}^n$가 매끄럽다고 하자. 그러면 df_p가 선형동형이 되지 못하게 하는 점 $p \in M$가 반드시 존재함을 증명하여라.

3

벡터장과 미분형식

3.1 역학계: 벡터장과 운동, 흐름

3.1.1 벡터장과 동선

벡터장의 정의를 보면 다양체 M의 열린 집합 U 위에 정의된 함수

$$X : p \in U \mapsto X_p \in T_pM \subset TM$$

로 주어져 있다. 접벡터를 방향미분으로 보아도 되지만 국소좌표계가 주어지면 실제로 성분을 가지는 벡터로 표현할 수 있으므로, 마치 고전 역학에서 생각하는 "힘 (force)"을 나타내는 벡터로 생각할 수도 있다. 그렇다면 벡터장은 영역의 각 점마다 그 점의 접벡터, 즉 힘을 대응시키고 있는 함수라[1] 해도 무방하겠는데, 이런 생각은 자연스럽게 역학적인 모형(model)으로서 벡터장의 역할을 생각하게 해 준다.

같은 맥락에서 접벡터장을 따라 이루어지는 동선(flow curve)이라는 것을 생각할 수 있겠다. 적분곡선(integral curve)이라고도 부르는 이 곡선은 매 점마다 곡선의 접벡터가 그 점에 대응하는 벡터장의 값과 같은 곡선이다. 보다 정확한 정의를 해 보자.

정의 3.1.1 다양체 M 위에 정의된 매끄러운 벡터장 X와 점

[1] 일반물리학에서 말하는 'force field.'

$p \in M$가 주어졌다고 하자. 적절한 양수 r이 주어졌고, 열린구간 $(-r, r)$에 정의된 매끄러운 곡선 $\gamma\colon (-r, r) \to M$이 방정식

$$\begin{cases} d\gamma_t\left(\frac{d}{dt}\Big|_t\right) = X_{\gamma(t)}, & \forall t \in (-r, r) \\ \quad \gamma(0) = p \end{cases} \tag{3.1}$$

를 만족하면, 이 곡선 γ를 p **점을 지나는 벡터장** X **의 적분곡선** (the integral curve of the vector field X at p) 또는 **동선** (flow curve)이라고 부르기로 한다.

정의는 되었고 적절해 보이기도 한데, 이런 곡선이 과연 존재할 것인지부터 수학적으로 증명해야 한다.

당연한 출발점은 미분방정식 (3.1) 이고, 방법론은 물론 국소 좌표계를 쓰려고 한다. 국소 좌표계는 다양체 위의 여러 현상을 유클리드 공간의 수식으로 이루어진 해석학적 언어로 번역해 주는 역할을 하기 때문이다.

점 p 근방의 국소좌표계를 $x = (x_1, \ldots, x_m)$를 이용하면,

$$X = \sum_{j=1}^{m} a_j(x) \frac{\partial}{\partial x_j}$$

라는 표현을 주는 매끄러운 실수함수 $a_1, \ldots, a_m$이 존재한다. 동시에 γ를 국소좌표계 $x = (x_1, \ldots, x_m)$을 통해 표현한 $\gamma_j := x_j \circ \gamma \ \ (j = 1, \ldots, m)$를 사용하면, 적분곡선의 조건은

$$X_{\gamma(t)} = \sum_{j=1}^{m} a_j(\gamma_1(t), \ldots, \gamma_m(t)) \frac{\partial}{\partial x_j}\Big|_{\gamma(t)}$$

로 얻어지고, 또

$$d\gamma_t\Big(\frac{d}{dt}\Big|_t\Big) = \sum_{j=1}^{m} \frac{d\gamma_j(t)}{dt}\frac{\partial}{\partial x_j}\Big|_{\gamma(t)}$$

를 얻게 된다. 이제 두 식을 비교하면 바로 아래 연립방정식

$$\begin{cases} \gamma_1'(t) = a_1(\gamma_1(t), \ldots, \gamma_m(t)) \\ \quad\vdots \\ \gamma_m'(t) = a_m(\gamma_1(t), \ldots, \gamma_m(t)) \end{cases} \tag{3.2}$$

를 얻으며, 조건 $\gamma(0) = p$ 은 곧 조건

$$(\gamma_1(0), \ldots, \gamma_m(0)) = (x_1(p), \ldots, x_m(p)) \tag{3.3}$$

가 됨을 알 수 있다. 다시 말해서, 국소적으로는, 방정식 (3.1)은 초기조건(initial condition)이 주어진 1계 연립상미분방정식(simultaneous ordinary differential equation of first order)인 (3.2)-(3.3)과 같다는 것을 알게 되었다.

연립 상미분방정식은 약간 두렵게 느껴질 수 있을지 모른다. 하지만 상미분방정식 이론에서는 익숙한 대상이며, 이런 초기 조건 문제는 이미 국소적으로 풀이가 항상 존재한다는 유명한 정리인 **피카드의 정리**가 잘 정립되어 있다.[2] 이 정리를 다양체 위로 옮기면 아래와 같다.

[2]피카드의 정리(Picard's theorem)와 그 이후 더 발전된 정리들에 관해서는 V. I. Arnol'd 의 저서 "Ordinary differential equations"와 같은 상미분방정식 이론을 다룬 책에서 찾을 수 있다.

정리 3.1.1 (피카드의 정리) 임의의 $\mathcal{C}^k$ 급 미분다양체 위의 열린 집합 위에 $\mathcal{C}^k$ 급 접벡터장이 주어지면, 이 열린 집합 위의 임의의 점에는 적절한 열린 근방이 존재하여 이 근방 안에 있는 점은 어떤 점이든 그 점을 통과하는 위 접벡터장의 동선이 정확히 하나 존재하고, 이 곡선은 $\mathcal{C}^k$ 급이다.

보기를 하나 들어 보는 것이 나쁘지 않을 것 같다. 어차피 국소좌표계를 쓸 예정이니 유클리드 공간에서 보기를 들어도 다양체 위에서 드는 경우의 예와 차이가 없다는 점을 염두에 두고 읽기 바란다.

보기 3.1.1 평면 $\mathbb{R}^2$ 위에 벡터장 $X = x\frac{\partial}{\partial x} - y\frac{\partial}{\partial y}$ 가 주어졌다. 점 $p = (1, 2)$ 를 통과하는 벡터장 X 의 동선의 방정식을 구하여라.

풀이. 동선의 매개변수 방정식을 $\alpha(t) = (x(t), y(t))$ 라 쓰면, 풀어야 할 연립상미분방정식은

$$\begin{cases} x'(t) = x(t) & (1) \\ y'(t) = -y(t) & (2) \end{cases}$$

이고 초기조건은

$$x(0) = 1, y(0) = 2$$

이다. 방정식 (1) 과 초기조건으로부터 $x(t) = e^t$ 를 얻고, 방정식 (2) 와 초기조건으로부터 $y(t) = 2e^{-t}$ 를 쉽게 얻는다. 따라서

매개변수 방정식은

$$\alpha(t) = (e^t, 2e^{-t})$$

이다. 이것으로 만족할 만한 풀이를 얻었지만, 굳이 조금 더 익숙할 듯한 비 매개변수 방정식을 얻자면 우선 $e^t = x$, $e^{-t} = y/2$로 쓰고 매개변수 t를 소거하여

$$y = \frac{2}{x}$$

를 얻는데, 소거된 매개변수로부터 $x = e^t > 0$를 얻으니, 위 쌍곡선 중에서는 제1 사분면에 있는 곡선이 우리가 구하는 동선이 되겠다. "동선"은 운동의 궤적을 나타내는 곡선이므로 움직이는 방향이 있는 것이 당연한데, 이는 x와 y 가 움직이는 방향에 의해 표시될 것이다. 따라서 매개변수 t 가 증가하는 방향이 이들 두 변수의 방향을 결정하겠고, 위의 정의로부터 t 가 증가하는 방향이 x는 증가하고, y가 감소하는 방향임을 알 수 있다.

(풀이 끝)

여러 가지 벡터장을 가지고 동선을 계산하는 문제는 쉽게 만들 수 있다. (하지만 연립 상미분방정식의 해를 구체적으로 표현하는 것이--혹은 '손으로' 풀어내는 것이-- 항상 가능하지는 않다.) 여러 문제를 구성하고 풀이를 시도해 보는 것도 좋겠다.

3.1.2 벡터장의 완전성

전통적인 역학 및 역학계 연구에서는 벡터장의 동선이 존재하는 시간의 길이가 관심사 중 하나이다. 수식을 이용한 언어로 바꾸어 말하자면, 벡터장 X가 주어졌을 때 그 동선을 나타내는 방정식 (3.1)의 풀이, 즉 동선의 매개방정식의 **매개변수가 가질 수 있는 범위가 얼마나 큰지**를 알고 싶은 것이다. 만일 매개변수의 범위가 실수 직선 전체이고, 이런 현상이 초기조건에 무관하다면, 벡터장 X를 **완전벡터장** (complete vector field) 이라고 부른다. 이 정의는 보다 정확하게 해 둘 필요가 있으므로 공식적인 정의를 여기에 적는다.

정의 3.1.2 (완전벡터장) 미분다양체 M 위에 정의된 접벡터장 X가 임의의 점 p에 대하여도, 방정식

$$d\alpha_t\Big(\frac{d}{dt}\Big) = X_{\alpha(t)}, \quad \alpha(0) = p$$

를 만족하는 매끄러운 곡선 $\alpha\colon \mathbb{R} \to M$이 항상 존재하면, 이 접벡터장 X를 **완전 접벡터장** (complete tangent vector field) 이라 부른다.

예를 들어 보자.

보기 3.1.2 평면 $\mathbb{R}^2$ 위에 정의된 접벡터장

$$X = x\frac{\partial}{\partial x} - 2y\frac{\partial}{\partial y}$$

의 경우, 동선의 매개변수 방정식은, 점 $p = (p_1, p_2)$ 를 지날 경우, 항상

$$\alpha(t) = (p_1 e^t, p_2 e^{-2t})$$

로 표현되므로 이 동선은 모든 $t \in \mathbb{R}$에 대해 존재한다. 따라서 이 벡터장은 완전 벡터장이다.

하지만, 같은 벡터장이라도 만일 미분다양체를 단위원반 $D := \{(x, y) \in \mathbb{R}^2 \colon x^2 + y^2 < 1\}$에 제한하면 위 벡터장은 완전벡터장이 아니기 때문에 벡터장의 완전성 개념이 뭔가 불완전하다는 생각이 들 수 있다. 특히 D가 입체투영함수(stereographic projection)를 활용한 함수에 의해 평면 $\mathbb{R}^2$와 동형임을 생각하면, 더욱 의심이 깊어질 수 있다. 하지만 이 생각은 합리적이지 않다. 방금 언급한 미분동형이 $f \colon \mathbb{R}^2 \to D$라면, $df(X)$는 완전벡터장이기 때문이다. 보다 정확한 표현으로는 아래 정리와 같이 서술한다. (증명은 자명하다. 연습문제로 둔다.)

정리 3.1.2 벡터장의 완전성은 미분동형에 의해 보존되는 성질이다.

그렇다면 완전하지 않은 벡터장은 존재하는가? 다음 예를 보자.

보기 3.1.3 직선 $\mathbb{R}$ 위에 정의된 벡터장 $x^2 \frac{d}{dx}$는 완전벡터장인가?

동선의 방정식이

$$x'(t) = x(t)^2, \quad x(0) = c$$

이니까, 이 방정식을 풀면

$$-\frac{1}{x(t)} = t - \frac{1}{c}$$

을 얻으므로 $x(t) = c(1-ct)^{-1}$ 임을 알 수 있다. $c = 0$인 경우에는 $x(t) = 0$가 성립하니까 t의 모든 실수값에 의해 동선이 정의되지만 (비록 궤적은 한 점에 불과할지라도) 그 외의 경우에는 항상 유한한 값 $1/c$ 에서 동선이 멈추어 서게 된다. 따라서 이 벡터장은 완전하지 않다.

벡터장의 완전성은 여러 분야의 수학 연구에 상당히 유용하며, 이에 관한 좋은 정리가 여럿 알려져 있는데, 그 중 일부를 여기에 소개한다.[3]

정리 3.1.3 미분다양체 M 의 매끄러운 접벡터장 X 가 M 적절한 콤팩트 부분집합 K에 대하여 조건 $X_p = 0, \forall p \in M - K$를 만족하는 경우, 즉 버팀영역 (support)이 콤팩트인 벡터장은 항상 완전 접벡터장이다.

증명은 피카드의 정리에 근거를 두는데, 비교적 단순하므로 독자를 위한 연습문제로 두기로 하겠다. 하지만 이 단순한 문제

---

[3]여기에 함수의 **버팀영역**이라는 용어가 나오는데 함수 f 의 버팀영역 (support)이란 $\{x\colon f(x) \neq 0\}$ 의 폐포 (closure)를, 즉 이 집합을 포함하는 최소의 닫힌 영역을 말하는 것이다.

의 따름정리는 꽤 쓸모가 있다. 소개한다.

정리 3.1.4 콤팩트 미분다양체 전체에 정의된 매끄러운 접벡터장은 항상 완전하다.

를 소개한다. 이 정리의 증명 역시 연습문제로 둔다.

보충 3.1.1 위 정리가 콤팩트 미분다양체 전체에 정의된 매끄러운 접벡터장의 동선이 항상 콤팩트가 되게 하지는 못한다. 어떤 반례가 있을까?

위 정리들을 잘 볼 수 있게 해주는 기술적인 정리를 소개하며 이 절을 맺으려 한다.

정리 3.1.5 미분다양체 M 위에 정의된 접벡터장 X에 대해 어떤 양수 r이 존재하여, 초기조건에 관계 없이 매개변수값의 범위 $|t| < r$에 대해서 동선이 항상 존재하면, 이 벡터장 X는 완전하다.

이 정리의 증명 역시 피카드의 정리에 의해 바로 얻어진다. 연습문제로 둔다.

3.1.3 흐름함수와 미분동형

미분다양체 M과 그 위에 정의된 매끄러운 접벡터장 X가 주어졌다고 하자. 또한 적절한 양수 r에 대하여, 이 다양체 안에 열린 영역 U가 있어서, 이 영역 위의 점은 어느 것을 선택하여

동선의 초기조건으로 삼더라도 동선이 매개변수의 범위 $(-r, r)$ 에서 항상 존재하는 경우에는 조건

$$\begin{cases} d\alpha_t^p\left(\frac{d}{dt}\right) = X_{\alpha(t)} \\ \alpha^p(0) = p \in U \end{cases}$$

를 만족하는 동선 α^p 가 매개변수의 범위 $|t| < r$ 안에 항상 존재한다고 가정하자. 이럴 경우 조건 $|s| < r$ 을 만족하는 함수

$$\Phi_s \colon q \in U \mapsto \alpha^q(s) \in M$$

를 생각하면, 이 함수는 피카드의 정리에 의해 단사함수가 된다.

그런데, 상미분방정식의 초기조건 문제에 관한 피카드의 정리는 앞에서 소개한 것보다 더 강한 결론을 가지고 있다. 즉, 풀이 곡선, 즉 동선이 초기조건에 대해 매끄럽게 의존한다는 것이 그 내용인데, 이를 다른 말로 하면, q 와 s 의 함수로서 $\alpha^q(s)$ 가 매끄러운 함수가 된다는 뜻이고, 특히 Φ_s 가 매끄러운 함수라는 뜻이 되겠다. 동시에 Φ_{-s} 도 매끄러운 단사함수가 되고, 게다가

$$\Phi_{-s} \circ \Phi_s(q) = q, \quad \forall q \in U$$

와

$$\Phi_s \circ \Phi_{-s}(p) = p, \quad \forall p \in \tilde{U} := \Phi_s(U)$$

가 성립함을 쉽게 확인할 수 있다. 이제 이 함수의 이름을 정하기로 하자.

정의 3.1.3 위와 같이 얻은 Φ_s는 벡터장 X의 **흐름함수** (flow-map)라고 부른다. 흐름함수가 전적으로 벡터장 X에 의해 결정된다는 점을 강조하기 위해 기호 Φ_s^X를 쓰기도 한다.

위에서 소개한 역함수 정리 (정리)를 적용하면 아래 정리를 얻는다.

정리 3.1.6 흐름함수는 미분동형이다. 특히, 미분다양체가 콤팩트인 경우 다양체 전체에 정의된 접벡터장의 흐름함수는 모두 다양체를 자기자신에 대응시키는 미분동형이 된다.

흐름함수는 이를 생성한 접벡터장과 밀접한 관계를 가질 수밖에 없다. 벡터장이 0이 되는 점이 흐름함수의 고정점 (fixed point)이 되는 것 같은 것이 좋은 예다. 이와 같은 관계의 이모저모를 분석해 보는 것도 흥미로운 일이지만, 여기에서는 이 정도로 마무리하려고 한다.

3.2 리 괄호와 리 미분

3.2.1 리 괄호의 정의

미분다양체 M 위에 매끄러운 벡터장 X, Y 가 주어졌다고 하자. 이로부터 새로운 벡터장 $[X, Y]$를 정의하려고 한다. 벡터장을 정의하는 방법으로 임의의 매끄러운 실수함수 $\psi\colon M \to \mathbb{R}$에 이 벡터장이 미분작용소로서 어떻게 작용하는지를 설명하는 것이 자주 쓰이는 방법이므로[4] 우리도 이 방법을 사용한다. 즉 등식

$$[X, Y]\psi = X(Y\psi) - Y(X\psi) \tag{3.4}$$

이 벡터장 $[X, Y]$를 정의하는데, 이것을 두 벡터장 X, Y 의 **리 괄호** (Lie bracket) 라고 부른다.[5]

먼저 국소좌표계 $x = (x_1, \ldots, x_m)$를 설정하고 이 좌표계가 작동하는 범위 안에서 이 정의를 살펴 보기로 하자.

$$X = \sum_{k=1}^{m} a_k(x_1, \ldots, x_m)\frac{\partial}{\partial x_k},$$
$$Y = \sum_{j=1}^{m} a_j(x_1, \ldots, x_m)\frac{\partial}{\partial x_j}$$

[4]벡터장을 국소좌표계로 표현한 다음 벡터장이 이 설명에 의해 어떻게 결정되는지 보면 된다. 특히 좌표계를 이루는 함수를 대상으로 작용시키면 원하는 결론을 쉽게 도출할 수 있다.

[5]이 정의는 리군과 리 대수의 창시자로 잘 알려진 노르웨이 태생의 수학자 **소푸스 리** (Sophus Lie) 교수의 이름을 딴 것이다.

인 경우,

$$X(Y\psi) = X\Big(\sum_{j=1}^{m} b_j(x)\frac{\partial\psi}{\partial x_j}\Big)$$
$$= \sum_{j,k=1}^{m} a_k(x)b_j(x)\frac{\partial^2\psi}{\partial x_k\partial x_j} + \sum_{j,k=1}^{m} a_k(x)\frac{\partial b_j(x)}{\partial x_k}\frac{\partial\psi}{\partial x_j}$$

를 얻고, 같은 방법으로

$$Y(X\psi)$$
$$= \sum_{j,k=1}^{m} a_k(x)b_j(x)\frac{\partial^2\psi}{\partial x_k\partial x_j} + \sum_{j,k=1}^{m} b_j(x)\frac{\partial a_k(x)}{\partial x_j}\frac{\partial\psi}{\partial x_k}$$

를 얻으므로

$$[X,Y] = \sum_{j,k=1}^{m}\Big(a_k(x)\frac{\partial b_j(x)}{\partial x_k}\frac{\partial}{\partial x_j} - b_j(x)\frac{\partial a_k(x)}{\partial x_j}\frac{\partial}{\partial x_k}\Big)$$

라는 결론을 얻게 된다. 이를 다시 써서

$$[X,Y] = \sum_{j,k=1}^{m}\Big(a_k(x)\frac{\partial b_j(x)}{\partial x_k} - b_k(x)\frac{\partial a_j(x)}{\partial x_k}\Big)\frac{\partial}{\partial x_j} \tag{3.5}$$

를 얻게 되는데, 이것이 리 괄호의 국소좌표계 표현이다.

$\mathcal{C}^\infty$급 미분다양체 M 위에 정의된 $\mathcal{C}^\infty$급 벡터장 전체의 집합을 $\mathfrak{X}(M)$ 이라고 표시하기로 하면, 이 집합은 벡터장끼리의 덧셈과, 실수를 벡터장에 곱하는 상수곱에 의해 선형공간이 되는데, 여기에 리 괄호를 벡터장끼리의 곱으로 이해하면 소위 대수

(algebra)로서의 구조를 가지게 된다. 이런 대수를 미분다양체 이론에서는 **리 대수** (Lie algebra) 라고 부르는데, 이에 대해서는 나중에 보다 의미있는 상황이 마련되었을 때 다룰 것이다.

한 편, 리 괄호는 연산으로서는 좀 괴상하다. 결합법칙이 성립하지 않으며, 교환법칙은 '거꾸로', 즉 부호를 바꾸면서 성립한다. 우선

$$[Y, X] + [X, Y] = 0 \tag{3.6}$$

이 성립하는 것을 금방 알 수 있다. 이를 보통 **반 교환법칙** (anti-commutative law)이라고 부른다.

결합법칙은 셋 이상의 원소를 곱할 때 있으면 요긴하게 쓰이는 법칙이다. 다시 말하자면 결합법칙은, k 개의 원소를 곱하는 것을 $k-1$ 개 이하의 원소로 표현하는 법을 일관성 있게 정해주는 대표적인 방법이기 때문에 그 중요성이 큰 것이다.

그러나 곰곰이 잘 생각해 보면, k 개의 원소를 곱하는 법을 $k-1$ 개 이하의 원소로 일관성있게 표현할 수 있는 방법은 결합법칙 하나만 있는 것이 아니다. 우리가 지금 다루는 리 괄호는 **야코비 등식** (Jacobi identity)이라고 부르는 등식

$$[[X, Y], Z] + [[Y, Z], X] + [[Z, X], Y] = 0 \tag{3.7}$$

을 만족하는데, 이 **야코비 등식**과 앞에 소개한 **반 교환법칙**이 세 개 이상의 벡터장을 거듭 곱하는 방법을 전혀 문제 없이 정해준다.[6]

[6]조금 괴상하기는 하지만 논리적으로 아무 문제가 없다.

리 괄호는 왜 소개하는 것일까? 이것은 당연한 의문이지만, 차차 풀어 가기로 하고 우선은 간단한 연습문제를 통해 이런 개념과 계산에 익숙해지도록 해 보자.

문제 3.2.1 리 괄호가 반 교환법칙과 야코비 등식을 만족함을 보여라.

문제 3.2.2 리 괄호의 결과는 항상 접벡터장으로 나타난다. 이 계산은 국소좌표계의 선택과 무관하게 그 값이 일정하다는 것을 증명하여라.[7]

문제 3.2.3 X, Y는 접벡터장이더라도 작용소

$$XY : \psi \mapsto X(Y\psi) : \mathcal{C}^\infty(M) \to \mathcal{C}^\infty(M)$$

는 일반적으로 접벡터장이 되지 못한다. 이 사실을 증명하여라.

문제 3.2.4 등식 $[X, Y]_p(\psi) = X_p(Y\psi) - Y_p(X\psi)$가 성립함을 보여라.

문제 3.2.5 접벡터 $v \in T_pM$가 주어지면 조건 $X_p = v$를 만족하는 매끄러운 접벡터장 X를 항상 구성할 수 있으나, 유일하지는 않다. (왜 그런가?) 그렇다면 두 개의 접벡터 $v, w \in T_pM$가

---

[7]미분기하학에서는 전통적으로 어떤 변량이 국소좌표계에 의해 정의되었으면서도 국소좌표계의 선택과 무관하게 다양체의 점에만 의존하는 경우, 그것을 "텐서(tensor)"라고 부르며 매우 중요시해 왔다. 따라서 이 연습문제를 고전 문체로 쓰면 "**리 괄호가 텐서임을 증명하라**" 가 되겠다. 어떻게 증명해야 하겠는지 잘 생각해 보아라. 1930년대에 쓰인 '전통적인' 증명방법은 서로 다른 두 개의 국소좌표계를 가지고 (3.5)를 따라 계산한 결과가--표현은 달라 보일지라도--사실은 같은 벡터장을 나타낸다는 것을 보이는 것이었다.

주어졌을 때 조건 $X_p = v$, $Y_p = w$ 를 만족시키는 매끄러운 접벡터장에 대하여 계산되는 $[X, Y]_p$ 도 여러 개의 접벡터가 나올 가능성이 있을지 모른다. 실제로 여러 개의 접벡터가 얻어지는지 계산해 보아라.

문제 3.2.6 미분다양체들 사이에 정의된 매끄러운 함수 $f : M \to N$ 와 벡터장 $X, Y \in \mathfrak{X}(M)$ 가 주어졌다고 하자. 등식

$$df([X, Y])\Big|_p = [df(X), df(Y)]\Big|_{f(p)}$$

가 성립함을 보여라. 이 식에서 좌변의 리 괄호는 M 의 괄호이고, 우변의 리 괄호는 N 의 리 괄호이다.

3.2.2 리 미분 (Lie derivative)

이제 벡터장으로 벡터장을 미분하는 방법을 생각해 보기로 하자. 뉴턴 분수에 근원을 두고 가만히 생각해 보면 벡터장 X, Y 가 주어졌을 때 X 로 Y 를 미분한다는 것을 어떻게 정의하여야 하겠는가?

리 (Lie) 미분은 이렇게 정의된다. 우선 점 p 가 주어졌다고 하고, X 를 따라 생성되는 흐름 함수 Φ_t^X 를 생각하기로 한다. 물론 이 흐름함수는 $|t| < r$ 를 만족하는 t 의 범위와 p 점 주변의 충분히 작은 근방에서 잘 정의된다. 이제

$$\begin{aligned} L_X Y\Big|_p &= \lim_{t\to 0} \frac{1}{t}(d\Phi_{-t}^X(Y_{\Phi_t^X(p)} - Y_p) \\ &= \frac{d}{dt}\Big|_{t=0}(d\Phi_{-t}^X(Y_{\Phi_t^X(p)})) \end{aligned} \tag{3.8}$$

를 보면 이것은 뉴턴 분수의 상당히 자연스러운 일반화라는 것을 알 수 있을 것이다. 이 변량을 **벡터장 X 에 의한 벡터장 Y 의 p 점에서의 리 미분** (the Lie derivative at p of the vector field Y by the vector field X)이라고 부른다.

같은 맥락에서 매끄러운 실수함수 $f\colon M \to \mathbb{R}$ 의 리 미분도 정의할 수 있다. 명확히 수식으로 쓰면

$$\begin{aligned} L_X f\Big|_p &= \lim_{t\to 0} \frac{1}{t}(f(\Phi_t^X(p)) - f(p)) \\ &= \tfrac{d}{dt}\Big|_{t=0}(f(\Phi_t^X(p))) \end{aligned} \tag{3.9}$$

가 된다. 이제 리 미분 계산에 유용한 정리를 소개한다.

정리 3.2.1 (함수와 벡터장의 리 미분) 매끄러운 함수 $f\colon M \to \mathbb{R}$ 과 매끄러운 벡터장 X, Y 에 대하여 아래 등식이 성립한다.

(i) $L_X f = Xf$.

(ii) $L_X Y|_p = [X, Y]_p$.

증명. 등식 (i) 의 증명은 쉽다. (3.9)로부터

$$\begin{aligned} L_X f\Big|_p &= \tfrac{d}{dt}\Big|_{t=0}(f(\Phi_t^X(p))) \\ &= \Big[d\Phi_t^X(p)(\tfrac{d}{dt})|_{t=0}\Big](f) \\ &= X_{\Phi_0^X(p)} f|_{t=0} \\ &= X_p f \\ &= Xf|_p \end{aligned} \tag{3.10}$$

를 바로 얻기 때문이다.

등식 (ii)의 증명 역시 직접적인 계산에 의해 얻어지지만 조금 까다롭다. 독자의 공부에 도움이 된다는 생각으로 보통의 증명과는 조금 다르게 두 단계로 논증을 구성한다.

(단계 1) 열쇠가 되는 단계를 먼저 수립하여 증명의 줄거리를 먼저 정리할 것이다. 그 정도에서 자신 있는 독자는 각 단계를 스스로 계산하여 결론에 도달하려는 노력을 해 볼 수도 있을 것 같다.

(단계 2) 그 다음 필요한 나머지 계산을 보여 줌으로써 증명을 완성할 것이다. 미리 결론을 스스로 구성했던 독자는 자신의 계산을 점검할 수도 있을 것이다.

이제 증명을 시작해 보자. 당연한 시작점인

$$\begin{aligned}(L_X Y)_p f &= \frac{d}{dt}\bigg|_{t=0} (d\Phi^X_{-t}(Y_{\Phi^X_t(p)}))f \\ &= \frac{d}{dt}\bigg|_{t=0} Y_{\Phi^X_t(p)}(f\circ\Phi^X_{-t})\end{aligned} \tag{3.11}$$

에서 출발한다. 함수 $H : \mathbb{R}^2 \to \mathbb{R}$을

$$H(t,u) = f(\Phi^X_{-t}(\Phi^Y_u(\Phi^X_t(p))))$$

를 만족하도록 정의하면, 이 함수는 매끄러운 함수이다. (사실은 원점의 열린 근방에 정의된 함수인데, 어차피 우리의 증명이 원점의 근방에서만 이루어지므로 이 부분 논증을 지나치게 정확히

하려고 애쓰지 않으려 한다.) 그러므로 (i)에 의해,

$$\begin{aligned} Y_{\Phi_t^X(p)}(f \circ \Phi_{-t}^X) &= L_Y(f \circ \Phi_{-t}^X)|_{\Phi_t^X(p)} \\ &= \frac{\partial}{\partial u}\Big|_{(t,0)} f(\Phi_{-t}^X(\Phi_u^Y(\Phi_t^X(p)))) = \frac{\partial H}{\partial u}\Big|_{(t,0)} \end{aligned}$$

를 얻고, 계속해서 (3.11)를 적용하여

$$(L_X Y)_p f = \frac{\partial^2 H}{\partial t \partial u}\Big|_{(0,0)} \tag{3.12}$$

를 얻는다. 이제 H의 표현에서 t와 $-t$를 분리해서 생각하기로 하자. 즉 3변수 함수

$$K(s,u,t) = f(\Phi_s^X(\Phi_u^Y(\Phi_t^X(p))))$$

를 생각하는 방법인데, 이로부터

$$\frac{\partial^2 H}{\partial t \partial u}\Big|_{(0,0)} = \frac{\partial^2 K}{\partial t \partial u}\Big|_{(0,0,0)} - \frac{\partial^2 K}{\partial s \partial u}\Big|_{(0,0,0)} \tag{3.13}$$

를 얻는다. 이제 우변의 각 항을 계산하여

$$\frac{\partial^2 K}{\partial t \partial u}\Big|_{(0,0,0)} = X_p(Yf) \tag{3.14}$$

$$\frac{\partial^2 K}{\partial s \partial u}\Big|_{(0,0,0)} = Y_p(Xf) \tag{3.15}$$

를 보이면, (ii)를 얻게 된다. 이것이 (단계 1)의 결론이다.

이제 (단계 2)로 들어간다. 계산으로 바로 위 두 식을 증명하는 것이 목표이다.

(i) 의 증명인 (3.10)에 의하여

$$\begin{aligned}\left.\frac{\partial^2 K}{\partial t \partial u}\right|_{(0,0,0)} &= \left.\frac{\partial}{\partial u}\right|_{u=0} \left.\frac{\partial}{\partial t}\right|_{t=0} \Big(f \circ \Phi_0^X \circ \Phi_u^Y \circ \Phi_t^X(p)\Big) \\ &= \left.\frac{\partial}{\partial u}\right|_{u=0} \left.\frac{\partial}{\partial t}\right|_{t=0} \Big(f \circ \Phi_u^Y \circ \Phi_t^X(p)\Big)\end{aligned}$$

를 얻고 계속해서

$$\begin{aligned}\left.\frac{\partial^2 K}{\partial t \partial u}\right|_{(0,0,0)} &= \left.\frac{\partial}{\partial u}\right|_{u=0} \Big(X(f \circ \Phi_u^Y)\Big)\Big|_p \\ &= \left.\frac{\partial}{\partial u}\right|_{u=0} X\Big(f \circ \Phi_u^Y(p)\Big) \\ &= Y(Xf)\Big|_p\end{aligned}$$

를, 즉 (3.14)를 얻는다. 마찬가지 방법으로 (3.15)를 얻는데, 증명 방법이 매우 비슷하므로 이 과정은 생략한다. 이것으로 증명이 완결되었다. □

3.3 미분형식의 쐐기곱과 리 미분

쐐기곱과 미분 k형식

미분 1형식에 관해서는 이미 제2장 2.6.4에서 그 정의를 소개한 바 있는데, 여기에서는 그들 사이의 쐐기곱(wedge product)을 정의하려고 한다. 매끄러운 다양체 M 위에 정의된 두 미분 1형식을 각각 α, β 라 하면, 함수

$$\alpha \wedge \beta \colon \mathfrak{X}(M) \times \mathfrak{X}(M) \to \mathcal{C}^\infty(M)$$

를 관계식

$$(\alpha \wedge \beta)(X, Y) := \alpha(X)\beta(Y) - \beta(X)\alpha(Y)$$

로 정의하고 이런 방법으로 생성되는 $\alpha \wedge \beta$를 **미분 2형식**(differential 2-form)이라고 부르도록 하겠다. 정의로부터 당장

$$\beta \wedge \alpha = -\alpha \wedge \beta$$

가 성립함을 알 수 있다. 그렇다면 결합법칙이 성립하도록 세 개의 미분 1형식 사이의 쐐기곱을 정의하는 방법은 무엇일까? 기하학에서 유용하다고 알려진 쐐기곱은 순열(permutation) 과 부호(sign)--즉, 짝순열에는 $+1$을, 그리고 홀순열(odd permutation)에는 -1을 붙이는 함수--를 사용하여 정의하는 것이다. $\{1, 2, \ldots, n\}$의 순열의 집합을 $\mathcal{S}_n$으로 쓰고 $\sigma \in \mathcal{S}_n$의 부호를 $\operatorname{sgn}(\sigma)$로 쓰면 n 개의 미분 1형식 $\alpha_1, \ldots, \alpha_n$ 의 쐐기곱

은[8]

$$(\alpha_1 \wedge \cdots \wedge \alpha_n)(X_1, \ldots, X_n) \\ := \sum_{\sigma \in \mathcal{S}_n} \mathrm{sgn}(\sigma)\ \alpha_1(X_{\sigma(1)}) \cdot \ldots \cdot \alpha_n(X_{\sigma(n)}) \tag{3.16}$$

로 정의하는 것이 그 방법이다.

대수학적인 방법으로 증명해야 할 부분을[9] 생략하고 국소좌표계 $(U, x = (x_1, \ldots, x_m))$을 이용하여 미분 k형식을 나타내면 어떻게 될까? 쐐기곱에 결합법칙이 성립하고, 반 교환법칙이 성립하는 것을 감안하면, 임의의 미분 1형식은 매끄러운 함수 $a_1, \ldots, a_n$ 을 계수로 하는 일차결합

$$a_1(x)\, dx_1 + \ldots + a_m(x)\, dx_m$$

으로 표현되고, 일반적으로 미분 k형식은 매끄러운 함수 $a_{i_1 \cdots i_k}(x)$를 계수로 하는 일차결합

$$\sum_{1 \le i_1 < \cdots < i_k \le m} a_{i_1 \cdots i_k}(x)\, dx_{i_1} \wedge \cdots dx_{i_k}$$

로 표현됨을 알 수 있다.

---

[8]어떤 책에서는 우변을 $n!$로 나눈 정의를 쓴다. 그렇게 하는 데에도 충분히 중요한 이유가 있으나, 우리는 또 다른 이유 때문에 그 정의를 따르지 않겠다.

[9]대수학의 기법을 사용하여 논리적으로 검증해야 할 부분은, 쐐기곱으로 정의된 다중선형 형식들이 이루는 공간의 유일성과 그들의 차원, 그리고 이들 벡터공간의 기저(축, basis)등을 확정해야 하는 부분이다. 독자 스스로 증명해 보거나 다중선형대수 관련 서적을 찾아 보도록 하고, 이 책에서는 다루지 않겠다. 대부분의 대수학 책에 실려 있다. 예를 들어 I. N. Herstein, Topics in abstract algebra를 참조하면 된다.

이들 미분형식은 미분다양체 이론에서 자주 쓰이는 몇 가지 연산과 더불어 매우 중요한 역할을 하는데, 여기에서는 당김(pull-back)과 리 미분을 우선 얘기하고, 계속해서 더 여러가지 연산을 소개하도록 하겠다.

당김 (pull-back)

미분다양체들 사이의 매끄러운 함수 $f\colon M \to N$과 다양체 N 위의 미분 k형식 ω가 주어졌으면, **함수 f에 의한 미분형식 ω의 당김 (pull-back of ω by f)**은 기호 $f^*\omega$로 쓰고 관계식

$$f^*\omega\ (X_1, \ldots, X_k) = \omega(df(X_1), \ldots, df(X_k))\Big|_{f(\cdot)}$$

를 통하여 정의한다. 물론 이 식에서 $X_1, \ldots, X_k$는 다양체 M의 접벡터장이다.

보기 3.3.1 (국소 표현) 미분형식의 당김을 국소좌표계로 표현해 보자. 상수 a_1, a_2와 미분 k형식 ω_1, ω_2가 주어졌다면

$$f^*(a_1\omega_1 + a_2\omega_2) = a_1 f^*\omega_1 + a_2 f^*\omega_2$$

가 성립하는 것을 알고 있으므로, 우리가 지금 원하는 바는 $\varphi \in \mathcal{C}^\infty(N)$과 N의 국소좌표계 $y_1, \ldots, y_n$에 의해 표현되는 k형식 중에서

$$\omega := \varphi\, dy_1 \wedge \cdots \wedge dy_k$$

와 같은 미분형식에 대해 $f^*\omega$가 국소좌표계로 어떻게 표현되는지를 계산하는 것이다.

위의 정의를 따라 계산해 보자. $dy_\ell = \sum_{j=1}^m \frac{dy_\ell}{\partial x_j} dx_j$ 가 성립하는 것은 알고 있으므로, 늘 사용하던 기호 $x = (x_1, \ldots, x_m)$ 를 사용하여

$$f^*\omega\Big|_x = \Big(\varphi\, dy_1 \wedge \cdots \wedge dy_k\Big)\Big|_{f(x)}$$

가 바로 얻어지며 우변을 조금 더 자세히 쓰면

$$\varphi(f(x_1, \ldots, x_m))\Big(\sum_{j=1}^m \tfrac{df_1}{\partial x_j} dx_j\Big) \wedge \cdots \wedge \Big(\sum_{j=1}^m \tfrac{df_\ell}{\partial x_j} dx_j\Big)$$

가 된다.

3.3.1 미분형식의 리 미분

미분다양체 M 위에서 벡터장 X 에 의한 미분 k 형식 ω 의 리 미분(Lie derivative)을 특정점 p 에서 정의하는 것은 이제 자연스럽게 정의되는데, 구체적으로

$$L_X\omega\Big|_p = \lim_{t\to 0}\frac{1}{t}\Big((\Phi_t^X)^*\omega_{\Phi_t^X(p)} - \omega_p\Big)$$

로 정의하면 된다. 따라서 함수의 리 미분도 같은 방법으로 정의되어야 하는데, 함수는 미분 0형식으로 생각하는 것이 자연스러우니, 실수값을 가지는 함수 $\varphi\colon X \to \mathbb{R}$ 에 관해서는 리 미분을 앞 절에서

$$L_X\varphi\Big|_p = \lim_{t\to 0}\frac{1}{t}(\varphi(\Phi_t^X(p)) - \varphi(p))$$

로 정의했던 것과 모두 일맥상통하도록 만들어진 것임을 다시 확인할 수 있다.

3.3.2 **내미분** (interior derivative), **외미분** (exterior derivative)

전통적인 미분기하학에서 이미 개발되어 있던 개념을 대수적으로 재정리한 것은 아주 체계적이며 쓸모가 많다. 간략하게 정리하다 보면 원래의 기하학적 이해라든가 여러 경우에 적용될 때 나타났던 의미와 같은 것이 생략되거나 지나치게 응축되어 보이지 않게 되는 아쉬운 점이 발생하기도 하지만, 그 반면에 이전에는 너무 표현이 복잡하여 가닥을 잡기 어려웠던 것을 형식논리를 따라 쉽게 정리할 수 있다는 장점이 수학자들에게 매력적으로 다가온다. 우리도 후자의 장점을 높이 여기는 입장에서, 일단 기하학적 의미가 무엇일까 묻고 싶은 자연스런 동기를 억눌러 두고(!), 형식적인 이해부터 먼저 꾀하기로 하자.

미분형식들은 덧셈과 스칼라 곱 외에도 쐐기곱 (wedge product) 구조를 자연스럽게 지니게 된다. 즉 임의의 매끄러운 다양체 M 위에 모든 미분형식들의 형식적인 합 (형식합, formal sum)을 원소로 하는 집합

$$\Lambda(M) := \left\{ \sum \omega : \omega\text{는 } M \text{ 상의 미분형식} \right\}$$

을 생각하자. 이 집합은 세 가지 연산, 즉 덧셈 "+" (뺄셈 포함), 스칼라곱 "·", 쐐기곱 "∧"에 의해 **결합** $\mathbb{R}$-**대수** (associative $\mathbb{R}$-algebra)를 이룬다. 이 대수를 생성하는 원소들은 매끄러운

함수들과 미분 1형식들이 되는데, 이 점은 형식논리로 증명하지 않더라도 비교적 쉽게 받아들일 만 하기 때문에 별도로 논증하지 않을 생각이다.

이제 이 공간에 정의되는 연산 중에서 **내미분** (interior derivative)과 **외미분** (exterior derivative)이라는 개념을 정의하려고 한다. 이 연산자들은 선형 연산자가 될 예정이므로, 기저(축, basis)를 이루는 원소들 즉,

$$f\,\theta_1 \wedge \cdots \wedge \theta_k$$

형태의 미분 k형식에 대해 (따라서 여기에서 f는 매끄러운 실함수, $\theta_1, \ldots, \theta_k$는 각각 미분 1형식이다) 이 개념들이 어떤 것인지 정의하면 선형성에 의해 전체 공간 $\Lambda(M)$에 정의될 것이다. 이제 외미분을 먼저 정의한다. 이 개념은 기호 d로 표시하는 작용소(operator)로서

$$\begin{aligned} d(f\theta_1 \wedge \cdots \wedge \theta_k) &= df \wedge \theta_1 \wedge \cdots \wedge \theta_k \\ &\quad + \sum_{\ell=1}^{k} (-1)^{\ell-1} f\theta_1 \wedge \cdots \wedge \theta_{\ell-1} \wedge d\theta_\ell \wedge \theta_{\ell+1} \wedge \cdots \wedge \theta_k \end{aligned}$$

로 정의한다.[10] 이제는 당연한 말이 되겠지만, 외미분은 k형식에 작용하면 그 결과로 $k+1$ 형식을 만들어 낸다.

[10]위에서는 장황하게 적었으나, 간략한 기호를 숭상하는 수학자들은 미분 p형식 ω와 q형식 η에 대하여 두 조건 $d(\omega \wedge \eta) = d\omega \wedge \eta + (-1)^p \omega \wedge d\eta$와 $d \circ d = 0$를 만족하는 선형작용소로 정의한다. 이 정의에 의하면 위 계산이 쉽게 도출되고, 논증도 어렵지 않다.

문제 3.3.1 어떤 미분형식이든 외미분 작용소 d를 두 번 사용하면 0이 된다는 사실을 증명하여라.

이번에는 k형식에 작용하여 $k-1$ 형식을 만들어 내는 작용소를 소개하려고 한다. 벡터장 X에 대하여 관계식

$$(i_X(\omega))(Z_1, \ldots, Z_{k-1}) = \omega(X, Z_1, \ldots, Z_{k-1})$$

를 생각하면, 이 관계식은 미분 k-형식 ω에 미분 $(k-1)$형식 $i_X(\omega)$를 대응시킨다. 이 작용소 i_X를 **내미분**(interior derivative)이라고 부르는데, 임의의 벡터장은 이와 같이 항상 내미분을 자연스럽게 만들어 낸다.

문제 3.3.2 내미분 역시 등식 $i_X \circ i_X = 0$를 만족한다. 이를 증명하여라.

이 외에도 여러 작용소가 존재하지만 여기에서는 이 정도로 줄인다.

3.3.3 미분형과 벡터장 및 관련 연산에 관한 정리

이제까지 구성한 연산과 작용소들을 혼합하여 사용할 때 쓸모 있는 정리를 모아 여기에 싣는다. 이를 위해 기호를 정리해 두자. 미분 p형식을 모두 모은 집합을 $\Lambda^p(M)$, 모든 매끄러운 벡터장을 모은 집합을 $\mathfrak{X}(M)$으로 쓸 것이다. 그리고 기호 $\Lambda(M) = \sum_p \Lambda^p(M)$도 정의해 둔다.

정리 3.3.1 X가 매끄러운 미분다양체 M 위에 정의된 C^∞급 벡터장이라고 할 때 아래 명제가 각각 성립한다.

(a) 리 미분작용소 $L_X\colon \Lambda(M) \to \Lambda(M)$에 대하여 등식 $d \circ L_X = L_X \circ d$가 성립한다.

(b) $L_X\colon \Lambda(M) \to \Lambda(M)$에 대하여 관계식

$$L_X = i_X \circ d + d \circ i_X$$

가 성립한다.

(c) $\omega \in \Lambda^p(M)$와 $Y_0, \ldots, Y_p \in \mathfrak{X}(M)$에 대하여

$$\begin{aligned}(L_{Y_0}\omega)&(Y_1, \ldots, Y_p)\\ &= L_{Y_0}(\omega(Y_1, \ldots, Y_p))\\ &\quad - \sum_{i=1}^{p} \omega(\ldots, Y_{i-1}, L_{Y_0}Y_i, Y_{i+1}, \ldots)\end{aligned}$$

가 성립한다.

(d) 위와 같은 상황에서

$$\begin{aligned}d\omega&(Y_0, \ldots, Y_p)\\ = &\sum_{i=0}^{p}(-1)^i Y_i(\omega(Y_0, \ldots, \widehat{Y_i}, \ldots, Y_p))\\ &+ \sum_{i<j}(-1)^{i+j}\omega([Y_i, Y_j], Y_0, \ldots, \widehat{Y_i}, \ldots, \widehat{Y_j}, \ldots, Y_p)\end{aligned}$$

가 성립한다. 단, 여기에서 $\widehat{A}$는 A가 빠졌음을 표시하는 기호이다.

이 정리의 증명은 모두 연습문제로 돌린다. 기본적으로 단순 계산이다.

3.4 연습문제 모음

문제 3.4.1 벡터장 $X = xy\frac{\partial}{\partial x} + x^2\frac{\partial}{\partial z}$ 와 $Y = y\frac{\partial}{\partial y}$, 그리고 함수 $f(x, y, z) = x^2y$ 가 유클리드 공간 $\mathbb{R}^3$ 에 주어졌다. 아래의 항들을 국소좌표를 사용하여 계산하여라.

(a) $[X, Y]_{(-1,2,1)}$ (b) $(fX)_{(-1,2,1)}$

(c) $(Xf)_{(-1,2,1)}$ (d) $(f_*(X))_{(-1,2,1)}$

문제 3.4.2 홀수 차원 구 S^{2n+1} 위 어디에서도 0벡터가 되지 않는 매끄러운 접벡터장을 구성하여라.

문제 3.4.3 유클리드 공간 $\mathbb{R}^3$ 안에서 벡터장 $X = y\frac{\partial}{\partial x} + x\frac{\partial}{\partial x} + 2\frac{\partial}{\partial z}$ 가 만들어 내는 적분곡선(integral curve)을 구하여라.

문제 3.4.4 미분가능한 함수 $\gamma\colon \mathbb{R} \to M$ 이 다양체 M 에 정의된 어떤 매끄러운 접벡터장 X 의 적분 곡선이라고 하자. 만일 $\gamma'(t) = 0$ 를 만족하는 t 값이 존재한다면, γ 가 상수함수임을 보여라. (따라서, 이 경우 적분곡선 γ 는 한 점으로 이루어져 있게 된다.)

문제 3.4.5 다양체 M 위의 벡터장 X, Y, Z 에 대하여 다음을 증명하여라.

(a) $[X, Y]$ 은 M 의 접벡터장이다. 그러나 $XY : f \mapsto X(Yf)$ 는 M 의 접벡터장이 되지 못할 수 있다.

(b) $f, g\colon M \to \mathbb{R}$ 이 매끄러운 함수이면 $[fX, gY] = fg[X, Y] + f(Xg)Y - g(Yf)X$ 가 성립한다.

(c) $[X, Y] = -[Y, X]$.

(d) $[[X, Y], Z] + [[Y, Z], X] + [[Z, X], Y] = 0$.

문제 3.4.6 기호 $\mathfrak{X}(M)$ 이 매끄러운 다양체 M 위의 매끄러운 벡터장들의 집합을 나타낸다고 하자. 그리고 $X \in \mathfrak{X}(M)$ 에 대하여 $\mathfrak{a} = \{Y \in \mathfrak{X}(M) \colon [X, Y] = 0\}$ 로 정의하고, 아래 명제들을 증명하여라.

(a) $\mathfrak{a}$ 는 리 괄호에 대해 "닫혀" 있다. 즉, $[\mathfrak{a}, \mathfrak{a}] \subset \mathfrak{a}$ 가 성립한다.

(b) $[\mathfrak{X}(M), \mathfrak{a}] \subset \mathfrak{a}$ 도 성립한다. 즉 $\mathfrak{a}$ 는 일종의 이데알(ideal)이다.

(c) 만일 $\mathfrak{a} = \mathfrak{X}(M)$ 이면 $X = 0$ 가 성립한다.

문제 3.4.7 다양체 위에 정의된 두 $\mathcal{C}^\infty$ 급접벡터장 X, Y 에 대해 흐름함수 Φ_t^X, Φ_t^Y 가 t 의 모든 실수값에 대해 정의되어 있다고 하자. 그렇다면 두 명제

- $[X, Y] = 0$.
- $\Phi_s^X \circ \Phi_t^Y \circ (\Phi_s^X)^{-1} \circ (\Phi_t^Y)^{-1}(q) = q, \ \forall q \in M, \forall s, t \in \mathbb{R}$.

가 논리적으로 동치임을 증명하여라.[11]

[11] 앞에서도 설명하였겠지만, 명제 P와 Q의 논리값이 같다는 말은 (또는 "논리적으로 동치", 또는 단순히 "동치"라 함은), "P가 참이면 Q도 참이고, 동시에, P가 거짓이면 Q도 거짓이다," 라는 말이다. 수학자들이 애용하는 $P \Leftrightarrow Q$ 기호가 뜻하는 바와 같다.

문제 3.4.8 리 미분 L_X 에 대하여 "$L_X f = Xf,\ \forall f \in \mathcal{C}^\infty(M)$" 가 성립함을 증명하여라.

다음 문제를 제시하기 전에 개념을 하나 정의하려고 한다. 미분다양체 사이에 정의된 매끄러운 함수 $\varphi\colon M \to N$ 이 주어졌다고 하자. 두 매끄러운 접벡터장 $X \in \mathfrak{X}(M)$, $Y \in \mathfrak{X}(N)$ 가 φ **연관**되어 있다는 것은 관계식 $d\varphi_p(X) = Y_{\varphi(p)}$ 가 M 의 모든 점 p에 대해 성립한다는 것을 뜻한다.

문제 3.4.9 접벡터장 $X \in \mathfrak{X}(M)$ 과 매끄러운 함수 $f\colon M \to N$ 이 주어지면 접벡터장 X 를 N 으로 "밀어 보낼 (push forward)" 수 있겠는가? 일반적으로는 불가능한데, 무슨 조건이 수반되면 가능하겠는지 그 가능성에 대해 토의해 보라.

문제 3.4.10 다양체 사이에 정의되는 매끄러운 함수 $\varphi\colon M \to N$ 과 매끄러운 접벡터장 $X \in \mathfrak{X}(M)$, $Y \in \mathfrak{X}(N)$ 이 φ **연관**되어 있을 때, φ가 X 의 적분곡선을 Y 의 적분곡선에 대응시킨다는 것을 보여라.

문제 3.4.11 다양체 M 과 매립부분다양체 N 이 포함관계 $N \subset M$ 를 만족한다고 하자. 물론 이 경우 부분다양체는 자명함수 (identity map) 에 의해 주어지는 것이다. 그런데 이 경우에는 특별히 접벡터장 $X \in \mathfrak{X}(M)$ 가 모든 $q \in N$ 에 대하여 조건 $X_q \in T_qN$ 을 만족하면 **X 가 N 에 접한다**고 정의한다. 이제, $X, Y \in \mathfrak{X}(M)$ 가 N 에 접하면 $[X, Y]$ 도 N 에 접함을 보여라.

미분형식에 연관된 문제들을 제시하기에 앞서 자주 등장하는 개념을 둘 소개하려고 한다. 유한차원 벡터공간 V 가 주어졌다고 하자. 그라스만 대수 $\Lambda^\bullet V^*$ 의 원소 θ가 어떤 자연수 k에 대해 $\Lambda^k V^*$ 에 속하면 θ를 k**차 균일** (homogeneous)이라고 부른다. 또한 균일한 원소 $\theta \in \Lambda^k V^*$, 특히 k 개의 1형식 $\theta_1, \ldots, \theta_k \in \Lambda^1 V^*$ 에 의해 $\theta = \theta_1 \wedge \cdots \wedge \theta_k$ 와 같이 표현되는 경우에는 θ를 **분해가능** (decomposable) 하다고 말한다.[12]

문제 3.4.12 유한차원 벡터 공간 V가 주어졌다고 하자.

(a) $\dim V \leq 3$ 이면 모든 균일 형식들이 분해가능함을 보여라.

(b) $\dim V = 4$ 인 경우 분해가능하지 않은 균일 형식이 존재한다. 예를 들어 보아라.

(c) 임의의 형식 α에 대해 $\alpha \wedge \alpha = 0$가 항상 성립하겠는가?

문제 3.4.13 $\mathbb{R}^n$ 에 정의된 미분 $(n-1)$-형식

$$\omega = \sum_{i=1}^{n} (-1)^{i+1} x_i \, dx_1 \wedge \cdots \wedge dx_{i-1} \wedge dx_{i+1} \wedge \cdots \wedge dx_n$$

가 주어졌다. 자명함수 (=the inclusion/identity map) $j\colon S^{n-1} \to \mathbb{R}^n$ 에 대해서 당김 $j^*\omega$가 구면 S^{n-1} 위의 어느 점에서도 0이 되지 않음을 보여라.

문제 3.4.14 미분 1형식 ω 와 벡터장들에 관한 카르탕의 공식

$$d\omega(X, Y) = X\omega(Y) - Y\omega(X) - \omega([X, Y])$$

[12] 사실은 '분해가능' 이라는 용어 보다는 '쐐기곱의 단항식' 이라고 하는 편이 나을 지도 모르겠다.

를 $\mathbb{R}^2$ 의 경우에 국소좌표계를 이용하여 증명해 보아라. 성공하였으면, 일반적인 미분다양체에서 이 공식을 증명하여라.

문제 3.4.15 $\omega_1, \ldots, \omega_k \in \Lambda^1(T^*M)$ (즉 미분 1-형식)들이 주어졌다. 아래 두 명제가 동치임을 보여라.

- $\omega_1, \ldots, \omega_k$ 들이 1차 독립이다.
- $\omega_1 \wedge \cdots \wedge \omega_k \neq 0$.

문제 3.4.16 p를 m차원 $\mathcal{C}^\infty$ 급 미분다양체 위의 점이라 하자. 이 때

(a) 1차 독립인 접벡터 $v_1, \ldots, v_m \in T_pM$ 이 주어졌으면, 조건 $v_i = \frac{\partial}{\partial x_j}|_p$ $(\forall i = 1, \ldots, m)$를 만족하며 p 점의 열린 근방에서 정의되는 국소좌표계 $(x_1, \ldots, x_m)$이 존재함을 증명하여라.

(b) 1차 독립인 쌍대접벡터 $\alpha_1, \ldots, \alpha_m \in T_p^*M$ 이 주어졌을 경우에도 조건 $\alpha_i = dx_i|_p$ $(\forall i = 1, \ldots, m)$를 만족하며 p 점의 열린 근방에서 정의되는 국소좌표계 $(x_1, \ldots, x_m)$이 존재함을 증명하여라.

문제 3.4.17 m차원 다양체 M에 정의된 미분 k형식 ω에 대하여 아래 등식을 증명하여라.

(a) $L_X\omega = d(\iota_X\omega) + \iota_X(d\omega)$.

(b) $(L_Y\omega)(X_1, \ldots, X_k)$
$$= Y(\omega(X_1, \ldots, X_k)) - \sum_{i=1}^{k} \omega(X_1, \ldots, L_YX_i, \ldots X_k).$$

마지막으로 기술적인 결과 하나를 (자주 인용된다!) 연습문제로 제시한다. 다중선형대수의 명제이다.

문제 3.4.18 다양체의 임의의 점에서 서로 1차 독립인 미분 1-형식 $\omega_1, \ldots, \omega_k$와 임의의 미분 1-형식 $\theta_1, \ldots, \theta_k$가 관계식

$$\sum_{i=1}^{k} \theta_i \wedge \omega_i = 0$$

를 만족할 때, 조건 $A_{ij} = A_{ji}$ $(\forall i, j \in \{1, \ldots, k\})$와 등식

$$\theta_i = \sum_{j=1}^{k} A_{ij} \omega_j$$

를 만족하는 매끄러운 함수 A_{ij}들이 존재함을 증명하여라. 이 명제는 **카르탕 보조정리** (Cartan's lemma) 라는 이름으로 알려져 있다.

4

부분다양체와 접촉기하

4.1 넣음, 덮음, 부분다양체, 매립

이 시점에서 미분다양체 이론에 중요한 개념들인 **넣음** (**넣기**, immersion), **덮음** (**덮기** submersion), **부분다양체** (submanifold), **매립** (embedding) 등을 정리해 두기로 하자.

미분다양체 사이에 정의된 매끄러운 함수 $f: M \to N$가 주어졌다고 하자.

정의 4.1.1 임의의 점 $p \in M$ 에 대하여 미분 $df_p: T_pM \to T_{f(p)}N$가 단사함수 (injection) 즉, "$v \neq w$인 경우에는 항상 $df_p(v) \neq df_p(w)$가 성립한다" 라는 조건을 만족시키는 함수이면, 함수 f를 **넣음함수** (immersion)라 부른다.

이와 같은 넣음함수가 존재하면, 선형대수학의 정리에 의해 부등식 $\dim M \leq \dim N$이 반드시 성립하게 된다. 하지만 넣음함수라는 조건이 f를 단사함수로 만들지는 못한다. 예를 들어, 함수

$$f(x) = (\cos x, \sin x): \mathbb{R} \to \mathbb{R}^2$$

는 넣음함수이지만 (검증은 연습문제로!) 단사함수는 아니다.

정의 4.1.2 임의의 점 $p \in M$에 대하여 미분 $df_p: T_pM \to T_{f(p)}N$이 전사함수 (surjection) 즉, "임의의 $w \in T_{f(p)}N$에 대

하여 $df_p(v) = w$를 만족시키는 $v \in T_pM$이 존재한다."는 조건을 충족시키는 함수이면, f를 **덮음함수** (submersion)라 부른다.

역시 덮음함수도 그 자신이 전사함수일 필요는 없다. 예를 들 수 있겠는가?

정의 4.1.3 (부분다양체) 함수 $f\colon M \to N$ 자신이 단사함수 (injection) 이면서 동시에 삽입함수인 경우에는 함수 f를 **부분다양체** (submanifold)라고 부른다.

정의된 바와 같이 부분다양체는 함수이다. 그러나, 이름으로 보아 부분다양체는 다양체라야 어울린다는 생각이 드는 것은 어쩔 수 없는, 당연한 느낌이 아닐 수 없다. 그렇다면 M을 N의 부분다양체로 하지 않고 함수 f로 정의한 데에 중요한 이유가 있지 않을까, 혹은 아마도 함수 f가 지니는 중요한 정보 때문이 아닐까 하는 생각이 들 것이다. 매우 정확한 생각이다. 이 점에 대해서 잠시 후에 따져 보기로 하자.

이번에는 부분다양체 중에서도 특별한 것을 생각하도록 하자. 부분다양체 $f\colon M \to N$가 주어졌을 때, M 위에 원래 주어졌던 위상 (이런 경우에는 τ_M이라는 기호를 쓰기로 하자. 그러니 N의 원래 위상을 나타낼 기호는 τ_N이 된다.) 외에 새로운 위상 (topology)

$$\tau_f := \{f^{-1}(U)\colon U \in \tau_N\}$$

이 만들어진다. 이 위상은 τ_M 보다 일반적으로 거칠다 (coarser).

이제 "매립부분다양체 (embedded submanifold)" 개념을 정의할 준비가 되었다.

정의 4.1.4 부분다양체 $f\colon M \to N$이 조건 $\tau_f = \tau_M$를 만족하면, 이 부분다양체를 **매립부분다양체** (embedded submanifold) 라고 부른다.

이런 경우에는 조건 $i(q) = q, \forall q \in f(M)$을 통해 정의되는 자명함수 $i\colon f(M) \to N$가 부분다양체가 되므로 위에서 생각했던 바와 같이 $f(M)$ 혹은 M 자신을 N의 부분다양체로 간주하는 데에 아무런 문제가 없게 된다. 아주 좋은 경우이고, 때로는 이렇게 좋은 것만 연구하고 싶을 수도 있다. 그러나 이런 경향은 상당히 많은 연구 대상을 제외시킬 수밖에 없게 하기 때문에, 아주 바람직하지는 않다.

매립부분다양체가 아닌 부분다양체는 많겠는가? 가장 쉽게 등장하는 것이 소위 **도넛면 위의 꼬인 나선** (skew-line on the torus)이라는 것인데 그것을 간단히 설명하기로 하자.

2차원 도넛(doughnut) 곡면을 생각하되 소위 **클리포드 도넛면** (Clifford torus)이라는 것에서 출발하기로 하자. 그것은 집합

$$T = \{(e^{is}, e^{it}) \in \mathbb{C}^2\colon s, t \in \mathbb{R}\}$$

를 말하는데, 실수 4차원 유클리드 공간인 $\mathbb{C}^2$ 속에 들어 있는 실수 2차원 곡면이며 매끄러운 다양체이다. 물론 $S^1 \times S^1$과 미분동형이다.

이제 함수

$$g(t) := (e^{it}, e^{\sqrt{2}it}) : \mathbb{R} \to T$$

를 생각하자. 이 함수가 부분다양체가 되는 것은 쉽게 확인할 수 있다. 그러나 이 함수는 매립부분다양체는 아니다. 지금 여러 명제가 등장하였는데, 이를 모두 자세히 증명하는 것은 아주 좋은 연습이 된다. 독자를 위한 연습문제로 둔다.

문제 4.1.1 2차원 다양체에 정의된 함수가 부분다양체이지만 매립부분다양체가 되지 않는 예를 구성하여라. 보다 일반적으로, 차원에 무관하게 매립이 아닌 부분다양체의 예를 만들 수 있겠는가?

4.2 음함수 정리

벡터 미적분학에서 배우는 음함수 정리는 역함수 정리와 동치인 명제이지만 서술된 명제 자체로서만 평가하자면 역함수 정리보다 응용 범위가 더 넓게 느껴진다.[1] 정리는 앞의 3.1.3에서 증명과 함께 소개한 **정리 2.5.2**와 같은 것이지만 독자의 편의와 이론 전개의 매끄럽게 하기 위해 여기 다시 싣는다.

정리 4.2.1 (음함수 정리) **k, m, n 들은 양의 정수이고 조건 $m > n$ 이 성립한다고 하자. 열린 영역 $U \subset \mathbb{R}^m$ 에 주어진 $\mathcal{C}^k$ 급 함수 $F\colon U \to \mathbb{R}^n$ 를 좌표계를 사용하여**

$$F(x_1, \ldots, x_m) = (f_1(x_1, \ldots, x_m), \ldots, f_n(x_1, \ldots, x_m))$$

로 표현하고, 이 함수의 야코비 행렬의 부분행렬 $\left(\frac{\partial f_j}{\partial x_i}\Big|_p\right)_{1 \le i,j \le n}$ 를 J_p 라 두자. 만일 이 함수가 점 $p = (p_1, \ldots, p_m) \in U$ 에서 $F(p) = 0$ 와 $\det J_p \neq 0$ 라는 두 조건을 만족시킨다면, $\mathbb{R}^{m-n}$ 안에 있는 점 $(p_{n+1}, \ldots p_m)$ 의 적절한 열린 근방 U_1 과, $\mathbb{R}^n$ 안에 있는 점 $(p_1, \ldots, p_n)$ 의 적절한 열린 근방 U_2 와, $\mathcal{C}^k$ 급 함수 $G = (g_1, \ldots, g_n)\colon U_1 \to U_2$ 가 존재하여 아래 세 성질

(1) $U_2 \times U_1 \subset U$,

(2) $(p_1, \ldots, p_n) = (g_1(p_{n+1}, \ldots p_m), \ldots, g_n(p_{n+1}, \ldots p_m))$,

[1] 영어로는 Implicit function theorem이라고 한다. 모든 차원에서 역함수 정리가 참이라는 명제와, 모든 차원에서 음함수 정리가 참이라는 명제는 논리값이 같다. 즉, 수학자들이 말하는 동치관계에 있다.

(3) **임의의** $x' = (x_{n+1}, \dots x_m) \in U_1$ **에 관하여**
$F(g_1(x'), \dots, g_n(x'), x_{n+1}, \dots x_m) = 0$

등이 모두 성립하게 할 수 있다.

이 정리를 두 실변수 x, y 에 의해 정의되고 실수값을 가지는 함수인 $F(x, y)$ 에 적용해 보면 상당히 직관적인 명제를 얻는다. 즉, 이 함수 F 가 점 (a, b) 를 포함하는 열린 근방 U 에서 $\mathcal{C}^k$ 급이며, $F(a, b) = 0$ 와 $\left.\frac{\partial F}{\partial y}\right|_{(a,b)} \neq 0$ 는 두 조건을 만족시킨다면, 점 a 주변의 열린 구간 U_1 과 점 b 를 포함하는 열린 구간 U_2 가 $U_1 \times U_2 \subset U$ 가 성립하도록 존재하고, $\mathcal{C}^k$ 급 함수 $g \colon U_2 \to U_1$ 가 또 존재하여 조건 $g(b) = a$ 와 $F(g(y), y) = 0$ 가 성립하게 할 수 있다. 이 마지막 부분이

$$\Big[F(x, y) = 0,\ \forall y \in U_2\Big] \Leftrightarrow \Big[x = g(y),\ \forall y \in U_2\Big]$$

와 같은 명제임을 확인하여라. 이 마지막 부분 때문에 이 정리가 음함수 정리라는 이름을 얻은 것이다. 언제 음함수를 국소적으로 양함수로 (explicit function) 표현할 수 있는지에 대한, 충분조건을 제시하는 명제이기 때문이다.

이 정리를 왜 다양체 위로 옮겨 심으려는 시도를 하지 않는지 궁금해 할 독자가 있을 것 같다. 그건 이 정리가 좌표와 함께 작동하는 국소 정리이기 때문에, 옮겨 심어 보아야 결국은 국소좌표계 근방 안에서 성립하게 되기 때문이다. 국소좌표계의 역할이 다양체를 부분적으로 유클리드 공간과 같게 설정하는 것이므로 굳이 정리를 국소좌표계 근방으로 옮겨야 할 이유가 없지 않은가?

그건 그렇다 하더라도, 이 정리를 (이건 미적분학의 정리인데...) 여기에 소개했다면 그 응용이 무엇인지는 알고 싶을 것이다. 다음 절에서 궁금함이 일부 밝혀진다.

4.3 음함수 정리의 응용--야코비 판정법

이전까지 든 다양체의 예 대부분은 유클리드 공간 속에 있는 집합으로서 어떤 조건 또는 방정식들을 만족시키는 점들의 집합으로 주어졌던 것을 기억할 것이다. 구면은 $x^2+y^2+z^2-1=0$로 정의되었고, 클리포드 도넛 면도 복소 2차원 (즉, 실수 4차원) 공간 속에서 두 개의 방정식 $|z|^2=1$와 $|w|^2=1$를 동시에 만족하는 점들의 집합으로 정의되었다. 이런 생각의 연장선상에서, 아래 질문은 아주 자연스럽다.

질문 4.3.1 유클리드 공간 $\mathbb{R}^n$ 속의 점 $(x_1,\ldots,x_n)$으로서 연립 방정식

$$\begin{cases} f_1(x_1,\ldots,x_n)=0 \\ \qquad\vdots \\ f_k(x_1,\ldots,x_n)=0 \end{cases}$$

를 만족하는 점의 집합을 N이라 하자. 유클리드 공간의 표준 위상을 이어받은 위상을 주었을 때, N이 매끄러운 미분다양체가 될 조건은 무엇일까?

이 질문에 대해 답하기가 그리 쉬운 것은 아니지만, 앞 절의 음함수정리를 이용하면 비교적 쓸모 있고 일반성 있는 답을 할 수 있다. 지금부터 그것을 배워 보기로 하자.

함수 $F\colon \mathbb{R}^n \to \mathbb{R}^k$를

$$F(x_1,\ldots,x_n)=(f_1(x_1,\ldots,x_n),\ldots,f_k(x_1,\ldots,x_n))$$

로 정의하자. 음함수 정리를 사용하려면 F가 미분가능해야 하므로, 함수 $f_1, \ldots, f_k$들이 모두 미분가능하다는 조건을 걸어 두자. 그리고 $k \leq n$라는 조건을 또한 걸어 두고, 이제 음함수 정리에 들어 있는 조건

$$\det\left(\frac{\partial f_j}{\partial x_i}\right)_{1\leq i,j\leq k} \neq 0$$

를 음미해 보자. 만일 이 조건이 만족된다면, **쏠림벡터 (그라디엔트, gradient)**

$$\nabla f_1, \ldots, \nabla f_k$$

들이 서로 일차 독립 (linearly independent) 관계에 있게 될 것이다. 역으로 이 쏠림벡터들이 서로 일차 독립이면, 적절한 k개의 서로 다른 번호 $i_1, \ldots, i_k$ 가 존재하여

$$\det\left(\frac{\partial f_j}{\partial x_{i_\mu}}\right)_{1\leq \mu,j\leq k} \neq 0$$

가 성립하게 된다. 이 조건과 처음 행렬식의 값이 0이 되지 않는다는 조건 사이에 근본적인 차이는 변수 $x_1, \ldots, x_n$들의 순서를 재배치한 것 밖에는 없다. 결국, 쏠림벡터들이 서로 일차독립 관계에 있기만 하면, 조건 $F = 0$ 로 정의되는 점들의 집합은 어느 점의 근방에서든 등식

$$\begin{aligned}&(x_1, \ldots, x_n)\\&\quad = (g_1(x_{k+1}, \ldots, x_n), \ldots, g_k(x_{k+1}, \ldots, x_n); x_{k+1}, \ldots, x_n)\end{aligned}$$

에 의해 주어진 함수의 그래프가 될 것이다. 이 그래프는 $n-k$ 개의 변수에 의해 정의되는 그래프이므로 당연히 $\mathbb{R}^{n-k}$의 열린 부분집합과 국소적으로 미분동형이며, 따라서 $n-k$차원 부분다양체가 된다. 이제까지 전개했던, 약간은 어수선했던, 추론을 정밀하게 재구성하면, 아래의 멋진 정리를 얻게 된다.

정리 4.3.1 (야코비 판정법) $\ell \in \{1, 2, \ldots, \infty\}$ **이 주어졌다고 하자.** $\mathbb{R}^n$ **의 열린 부분집합** U **위에 정의된** $\mathcal{C}^\ell$**급 함수** $f_1, \ldots, f_k$ **에 대하여, 집합**

$$M = \{x = (x_1, \ldots, x_n) \in U \colon f_i(x) = 0, \forall i = 1, \ldots, k\}$$

를 생각하자. 만일, 임의의 $x \in M$ **에 대하여, 쏠림벡터** $\nabla f_1(x), \ldots, \nabla f_k(x)$ **들이 항상 일차독립이면,** M **은** $\mathbb{R}^n$ **의** $\mathcal{C}^\ell$**급** $n-k$**차원 매립부분다양체이다.**

야코비 판정법보다 더 일반적인 정리는 국소정리로서, 음함수 정리와 근본적으로 같지만, 상당히 쓸모가 많기 때문에 여기에 따로 서술한다.

정리 4.3.2 (국소 야코비 판정법) $\ell \in \{1, 2, \ldots, \infty\}$ **이 주어졌다고 하자.** $\mathbb{R}^n$ **의 열린 부분집합** U **위에 정의된** $\mathcal{C}^\ell$**급 함수** $f_1, \ldots, f_k$ **에 의해 정의된 집합** $M = \{x = (x_1, \ldots, x_n) \in U \colon f_1(x) = \ldots = f_k(x) = 0\}$ **의 한 점** p**에 대하여 쏠림벡터** $\nabla f_1(p), \ldots, \nabla f_k(p)$ **들이 일차독립이면,** $V \cap M$ **이** $\mathbb{R}^n$ **안에 있는** $\mathcal{C}^\ell$**급** $n-k$**차원 매립부분다양체가 되게 해 주는 점** p**의 열린 근방** V**가** U **안에 존재한다.**

참고로 이런 정리는 무한차원 공간 (특히 함수공간) 안에서 이루어지는 함수론 또는 미분방정식 이론 연구에도 영향을 끼친다. 무한차원을 다루려면 음함수 정리도 그에 맞추어 다시 정밀하게 증명되어야 하지만, 이 과정을 거친 위대한 정리들이 (이미 상당 부분 연구 결과가 정립되었고 널리 쓰이고 있다!) 수학 전반에 이렇게 널리 쓰이는 것을 보면서... 미적분학의 깊이가 대단한 것에 새삼 감탄하게 된다.

4.4 넣음함수, 부분다양체 그리고 단면

이제는 넣음함수(immersion)를 공부할 차례다. 넣음 함수와 차원 사이의 관계부터 시작하여 이모 저모를 조사해 보기로 하자.

정리 4.4.1 양의 정수 k에 대하여 C^k급 다양체 N와 M 사이에 넣음함수 $f: N \to M$ 이 존재하는 경우에는, 부등식

$$\dim N \leq \dim M$$

가 항상 성립한다.

증명. $p \in N$ 을 하나 선택하면, 넣음함수의 정의에 의해 $df_p: T_pN \to T_{f(p)}M$는 단사 선형함수이다. 따라서

$$\begin{aligned} \dim N = \dim T_pN = \dim df_p(T_pN) \\ \leq \dim T_{f(p)}M = \dim M \end{aligned}$$

가 바로 도출된다. □

이 정리의 증명을 보통 언어로 해 보는 것이 도움이 된다. 다양체라는 것은 국소적으로 유클리드 공간인데, 이 공간의 작은 조각을 우선적으로 가장 가까이 묘사하는 것은 "1차 근사" (first order approximation)를 제공하는 접공간이다. 그런데 접공간은 벡터 공간이므로 이를 단사선형함수로 다른 접공간 속으로 대응시키려면 선형대수학의 정리에 의해 치역을 이루는 접공간의 차원이 정의구역을 이루는 접공간의 차원보다 작을

수 없는 것이고, 다양체의 차원이 접공간의 차원과 같다는 성질 때문에 증명이 완결된 것이다.

그렇다면, 다양체 사이의 미분가능한 함수들에 대한 많은 정리들이 이런 형식논리적인 방법론을 따라 이해되지 않겠는가? 이 방법론이라는 것을 도식화하면,

$$\begin{array}{ccc} \begin{bmatrix} f: M\to N\text{에} \\ \text{관한 문제}\end{bmatrix} & \xrightarrow{\text{(추론?)}} & \begin{bmatrix} f\text{에 관한} \\ \text{명제 (결론)}\end{bmatrix} \\ \text{미분}\downarrow & & \uparrow\text{음함수정리} \\ \begin{bmatrix} df\text{에 관한} \\ \text{문제}\end{bmatrix} & \xrightarrow{\text{미적분학/선형대수}} & \begin{bmatrix} df\text{에 관한} \\ \text{명제 (결론)}\end{bmatrix} \end{array}$$

정도로 해 둘 수 있겠다. 기억해 두도록 하자.

그렇다면, 넣음함수의 역할은 과연 무엇일까? 국소적인 구조는 다음 정리가 상당 부분 대답을 정리해 준다.

정리 4.4.2 넣음함수 $f: N \to M$ 이 주어졌다고 하자. 임의의 점 $p \in N$ 에 대하여, 이 점을 포함하는 다양체 N 의 국소좌표계 $(U, (x_1, \ldots, x_n))$ 와, 점 $f(p)$ 를 포함하는 다양체 M 의 국소좌표계 $(V, (y_1, \ldots, y_m)$ 를, 두 조건

(1) $f(U) \subset V$

(2) $q \in U \Leftrightarrow \; y_{n+1}(f(q)) = 0, \; \ldots \; , \; y_m(f(q)) = 0$

를 만족하도록 선택할 수 있다.

증명. $\dim N = n$, $\dim M = m$ 이라 두고, 임의의 점 $p \in N$ 에 대하여 p를 포함하는 N의 국소좌표계를 하나 택하여 $(U, x = (x_1, \ldots, x_n))$ 라고 쓰고, $x(p) = 0$ 라고 가정하자. df_p 가 단사함수라는 것이 넣음함수의 정의에 포함되어 있는 성질이며, 게다가 df_p 가 선형함수이기 때문에 T_pP 의 기저를 이루는 벡터 $\frac{\partial}{\partial x_1}\Big|_p, \ldots, \frac{\partial}{\partial x_n}\Big|_p$ 에 대응하는 벡터 $df_p(\frac{\partial}{\partial x_1}\Big|_p), \ldots, df_p(\frac{\partial}{\partial x_n}\Big|_p)$ 들이 접공간 $T_{f(p)}M$ 안에서 일차독립이어야 한다.

이제 $f(p)$ 를 포함하는 M 안의 국소좌표계를 하나 선택하여 $(V, y = (y_1, \ldots, y_m))$ 라 두고 조건 $y(f(p)) = 0$ 도 만족시키도록 한다. 여기에서 U 의 크기를 조절하여 조건 (1)은 언제든지 만족시킬 수 있음은 쉽게 확인된다. 따라서 근방의 크기를 줄이면서도 항상 성립하는 논증을 하는 동안에는 조건 (1)은 항상 만족시킬 수 있으니 조건 (1)은 더 이상 염려하지 말기로 하자.

이제 벡터 $\frac{\partial}{\partial y_{i_1}}\Big|_{f(p)}, \ldots, \frac{\partial}{\partial y_{i_{m-n}}}\Big|_{f(p)}$ 들을 택하여 m 개의 벡터

$$df_p\Big(\frac{\partial}{\partial x_1}\Big|_p\Big), \ldots, df_p\Big(\frac{\partial}{\partial x_n}\Big|_p\Big); \frac{\partial}{\partial y_{i_1}}\Big|_{f(p)}, \ldots, \frac{\partial}{\partial y_{i_{m-n}}}\Big|_{f(p)}$$

들이 1차 독립이 되게 할 수 있으므로, 국소좌표 y 의 성분들의 순서를 적절히 바꾸어

$$df_p\Big(\frac{\partial}{\partial x_1}\Big|_p\Big), \ldots, df_p\Big(\frac{\partial}{\partial x_n}\Big|_p\Big); \frac{\partial}{\partial y_{n+1}}\Big|_{f(p)}, \ldots, \frac{\partial}{\partial y_{i_m}}\Big|_{f(p)}$$

들이 접공간 $T_{f(p)}M$ 의 기저를 이루게 할 수 있다.

이제 원점을 포함하는 $\mathbb{R}^m$ 의 열린 부분집합으로부터 $f(p)$ 의 적절한 근방을 치역으로 가지는 함수

$$\begin{aligned} &g(t_1, \ldots, t_m) \\ &\quad = y^{-1}\Big(y \circ f \circ x^{-1}(t_1, \ldots, t_n) + (0, \ldots, 0, t_{n+1}, \ldots, t_m)\Big) \end{aligned}$$

를 생각하자. 이 함수는 매끄러운 함수이며, 그 미분인 dg_0 가 선형 쌍대함수(bijection)임을 금방 알 수 있다. 따라서 역함수 정리에 의해 점 $f(p)$를 포함하는 적절한 열린 근방 W 을 골라서 (W, g^{-1})가 국소좌표계가 되도록 할 수 있다. 이 국소좌표계를 $z = (z_1, \ldots, z_m) := g^{-1}$ 로 쓰기로 하고, U 를 적절히 줄이면

(1') $f(U) \subset W$

(2') $q \in U \Leftrightarrow \ z_{n+1}(f(q)) = 0, \ \ldots \ , \ z_m(f(q)) = 0$

가 성립함을 직접 확인할 수 있다. (이 부분을 확인하는 것은 독자를 위한 연습문제로 남겨 둔다.) 이로써 원하던 증명이 완결되었다. □

보충 4.4.1 위의 정리가 말하는 것은 임의의 넣음함수 $f: N \to M$은 N 의 작은 조각을 M 안의 n차원 단면으로 만든다는 것인데, 이를 정확히 해 둘 필요가 있다. 즉, 정확한 명제는 "**임의의 점 $p \in N$에 대하여 적절한 근방 U 가 N 안에 존재하여 $f(U)$ 로 하여금 m차원 다양체 M 안에 들어 있는 n차원 단면 (cross-section)이 되게 할 수 있다**"가 되겠다.

보충 4.4.2 한 편, 명제 "임의의 넣음함수 $f\colon N \to M$와 임의의 점 $p \in N$에 대하여 다양체 M 안에서 점 $f(p)$의 적절한 근방 V를 택하여 $f(N) \cap V$가 M 안에서 n차원 단면이 되게 할 수 있다."는 일반적으로 참이 아니다. 다시 말하자면, "넣음함수의 상(image)은 국소적으로 단면이다"라고 서술하면 매우 허술한 표현이며, 명제 자체가 일반적으로 옳지 않다는 것이다. 이 주장을 뒷받침할 수 있는 예를 들 수 있겠는가?

4.5 덮음함수 (submersion) 와 올 (fiber)

이번에는 덮음함수를 다루어 보자. 다음 명제는 어렵지 않게 생각해 낼 수 있을 것이다.

정리 4.5.1 매끄러운 다양체 사이에 덮음함수 $f\colon M \to N$ **가 존재하면, 부등식** $\dim M \geq \dim N$ **가 항상 성립한다.**

이 정리의 증명은 정리 4.4.1의 증명과 거의 거울 대칭이다. 앞 절에서 소개한 미분을 통해 선형대수 문제로 위 정리를 번역하면 그로써 증명이 완결된다. 자세한 검증은 독자에게 연습문제로 남겨 둔다.

정리 4.5.2 $m = n + k$ **차원 매끄러운 다양체** M **과** n **차원 다양체** N **에 대하여 덮음함수** $f\colon M \to N$ **이 존재할 때, 임의의** $q \in N$ **에 대하여 역상** $f^{-1}(q)$ **는** M **안에 있는 매끄러운** k **차원 매립 부분다양체이다.**

이 정리의 증명은 약간은 놀라울지 모르겠으나 앞에 소개한 음함수 정리의 직접적인 응용으로 얻어진다. 증명은 역시 독자를 위한 연습문제로 돌린다.

대개 덮음함수는 전사함수인 경우가 자주 등장하니, 지금부터는 우리의 덮음함수가 전사함수인 경우만 생각하기로 하자. 그렇다면, 덮음함수가 주어지면 그 정의역을 이루는 다양체 M 이 $k = \dim M - \dim N$ 차원 부분다양체들이 차곡차곡 쌓여 있는 모양새를 갖추고 있다. 일종의 엽층구조인데, 이런 관점에서 $f^{-1}(q)$ 를 부를 때 일반적인 용어 "역상 (inverse image)" 대신에 "올 (fiber)" 이라는 용어를 사용한다. 실제로 $m = 2, n = 1$

인 경우라면 2차원 다양체인 M이 1차원 다양체들인 "올"들의 집합으로 이루어진 것으로 그릴 수 있으니, 이런 용어를 채택한 이들의 생각을 짐작할 수 있을 것이다.

문제 4.5.1 위 정리의 증명을 정확히 작성해 보아라. 그리고, M, N과 덮음함수 $f: M \to N$가 모두 $\mathcal{C}^k$급이라면 올도 역시 같은 급인가?

문제 4.5.2 위의 매끄러운 덮음함수 $f: M \to N$의 경우, 임의로 두 점 $p, q \in N$를 택하였을 때 두 올 $f^{-1}(p)$와 $f^{-1}(q)$는 서로 미분동형이겠는가?

4.6 분포, 적분가능성, 프로베니우스 정리

4.6.1 분포 (Distribution)

앞에서 벡터장 개념을 생각하였던 곳으로 거슬러 올라가 다시 생각을 전개해 보기로 하자. 벡터장은 각 점에서 접벡터, 즉 방향과 크기를 제공하므로 다양체의 각 점이 어느 방향으로 어느 정도의 속력을 지니며 움직여야 하는지를 "실시간으로" 제시해 준다. 그래서 한 점이 다양체 위에서 접벡터장이 인도하는 대로 따라 움직이면 적절한 곡선을 그리게 될 것은 예상할 만 하다. 그런데 만일 속력을 생각하지 말고 방향만 제시하면 어떨까? 매끄러운 곡선은 길이 변수 (arc length parameter)로 매개 변수를 바꾸면 속력이 상수 1로 변하지만 곡선 자체가 이루는 집합은 변하지 않기 때문에, 접벡터장이 각 점에서 1차원 벡터공간만을 제시하여도, 즉 접벡터장을 방향이 같은 단위 벡터장으로 대치하여도 같은 곡선이 그려진다는 것을 알 수 있다. 이를 곡선에 대한 방정식으로 나타내면

$$\alpha'(t) \in \text{Span}\,\{X_{\alpha(t)}\} \tag{4.1}$$

혹은

$$\text{Span}\,\{\alpha'(t))\} = \text{Span}\,\{X_{\alpha(t)}\} \tag{4.2}$$

와 같은 식이 될 것이고, 이 식을 만족하는 매끄러운 α가 지금까지 말한 곡선의 방정식을 제공하게 되겠다. 이 부분에 독자가 가질 만한 의문을 해소하기 위해 아래 연습문제를 풀어 보자.

문제 4.6.1 다양체 M 위의 매끄러운 벡터장 X와 점 p가 주어

졌고, 방정식

$$\frac{d\gamma(t)}{dt} = X_{\gamma(t)}, \quad \gamma(0) = p$$

로 적분곡선 $\gamma(t)$가 주어졌다고 하자. 이제 γ를 임의로 주어진 1-1 대응함수 $s = s(t)$로 재매개화(reparametrize)하면 속력은 달라지지만 곡선위의 어느 점에서든 접벡터의 방향은 변하지 않음을 보여라. 이를 이용하여 위 문단 끝에서 토의한 곡선은 매개변수의 차이를 제외하고는 유일하게 결정됨을 확인하여라.

이제 이를 일반화하여 보자. 한 점을 접공간의 k차원 부분공간을 따라 자유롭게 움직이게 하여 k차원 곡면을 얻고, (혹은 분포시키고) 곡면의 다른 점에서 같은 방법으로 새로운 k차원 부분공간을 제시하여 다시 분포시키는 과정을 계속하여 커다란 k차원 부분다양체를 만드려는 것이 합리적인 시도일 듯하다. 동기 설명은 이 정도로 해 두고, 이제는 수학적 (=기하학적)으로 정확한 정의를 제시하려고 한다.

정의 4.6.1 (분포 (distribution)) m차원 $\mathcal{C}^\infty$급 다양체 M의 임의의 점 p에 접공간 T_pM의 k차원 벡터 부분공간 $\mathcal{D}(p)$를 대응시키는 대응관계 $p \to \mathcal{D}(p)$를 **k차원 분포** (k-dimensional distribution)라고 부른다.

이제, 주어진 k차원 분포 $p \to \mathcal{D}(p)$가 **매끄럽다**, 즉 $\mathcal{C}^\infty$**급**이라는 개념을 정의하도록 하자.

정의 4.6.2 ($\mathcal{C}^\mu$ 급 분포 ($\mathcal{C}^\mu$-distribution)) $\mu, \nu \in \{1, 2, \ldots, \infty\}$가 조건 $0 < \mu \leq \nu$를 만족한다고 하자. m차원 $\mathcal{C}^\nu$급 다양체 M의 k차원 분포 $\mathcal{D}$가 주어졌을 때, 임의의 점 $p \in M$에 대

하여 적절한 근방 U가 존재하고 거기에 k 개의 $\mathcal{C}^{\mu}$ 급 벡터장 $X_1, \ldots, X_k$ 들이 존재하여 조건

$$\text{Span}\left\{X_1\big|_q, \ldots, X_k\big|_q\right\} = \mathcal{D}(q), \quad \forall q \in U$$

를 만족하게 할 수 있으면, **분포 $\mathcal{D}$를 $\mathcal{C}^{\mu}$ 급**이라고 정의한다.

이 정의를 보면 자연스럽게 떠오르는 질문이 있다. 부분다양체 $f\colon N \to M$ 에 대하여, $T_{f(p)}$ 의 부분 벡터공간인, $di_p(T_pN)$ 을 부분다양체로서의 접공간, 즉 **외연적 접공간** (extrinsic tangent space)이라고 정의하자, 그러면 아래와 같은 질문이 자연스럽게 떠오른다.

질문 4.6.1 매끄러운 다양체 M 안에 매끄러운 k차원 분포 $\mathcal{D}$가 하나 주어졌다고 하자. 임의로 점 $p \in M$ 에 대하여 두 조건

(1) $p \in N$.

(2) $di_q(T_qN) = \mathcal{D}_q, \quad \forall q \in N$.

을 만족하는 부분다양체 $i\colon N \hookrightarrow M$ 이 존재하겠는가? 여기에서, i는 기호 $\hookrightarrow$ 가 암시하는 바와 같이 자명함수 (identity map 혹은 inclusion map)를 나타낸다.

이 질문에 대한 대답은 단순하지 않다. 아래 절에서 토의를 통해 만족할 만한 수준의 답에 이르는 것이 현재의 목표이다.

이와 같이 매끄러운 기하학적인 대상을 각 점마다 접공간, 혹은 분포, 혹은 분포에 대한 추가적인 제한 조건을 설정하며 이들을 모두 만족하는 부분다양체를 찾으려는 시도를 포함한

제반 관련 개념과 방법론을 공부하는 분야를 contact geometry 라 부른다. 우리 말로는 **접촉기하학** 정도로 번역해 두면 무난할 것 같다.[2] 기하학 자체의 이론 정립만을 위해서도 상당히 중요한 연구분야이다.

이런 기하학은 공학에서도 쓸모가 많아서, 제어이론, 로봇공학 등을 전공하는 이들이 많은 관심을 가진다. '관절'을 이용하는 로봇 팔을 만들 때, '손'이 공간의 점 어디에나 닿을 수 있는지, 즉 기하학적으로 말하면 이 점들의 집합이 공간 전체인지), 아니면 특별한 부분집합을 이루는지 (어떤 부분다양체인지) 등등 여러 질문의 답을 알고 싶어 하는데, 이들 질문이 부분다양체의 존재 문제와 매우 비슷하다는 점만 고려하더라도 접촉기하학의 유용성을 짐작할 수 있어 흥미를 더해 준다.

4.6.2 적분가능성과 자생성 조건

이제 앞 절에서 제시한 문제의 해결책을 탐구해 보려고 한다. 먼저 보기를 하나 생각해 보자.

보기 4.6.1 $M = \mathbb{R}^3$ 으로 두고 좌표계 (x, y, z)를 사용하면서, 분포

$$\mathcal{D} = \operatorname{Span}\left\{\frac{\partial}{\partial x}, \frac{\partial}{\partial y} + x\frac{\partial}{\partial z}\right\}$$

를 생각하기로 하자. 그러면 이 분포는 매끄러운 2차원 분포라는 것은 쉽게 확인할 수 있다. 이 경우, 바로 앞 절의 **질문 4.6.1**의 답에 해당하는 2차원 (매립)부분다양체가 존재할 것인가?

---

[2] 2015년 1월 5일 현재까지 이 개념에 대한 대한수학회의 공식 추천 용어는 만들어지지 않았다.

만일 매끄러운 2차원 부분다양체 $i\colon N \hookrightarrow M$ 가 있어서

$$0 = (0,0,0) \in N, \quad di_q(T_qN) = \mathcal{D}_q \ \ \forall q \in N$$

를 만족한다고 가정하자. $X = \frac{\partial}{\partial x}$, $Y = \frac{\partial}{\partial y} + x\frac{\partial}{\partial z}$ 라고 쓰면, 리 괄호의 성질에 의해

$$[X,Y]_q \in di_q(T_qN)$$

가 반드시 성립해야 한다. 한편, 직접 계산에 의해 $[X,Y] = \frac{\partial}{\partial z}$ 가 성립하므로 결과적으로 $\frac{\partial}{\partial z}\big|_q \in \mathcal{D}_q$ 도 적당한 $q \in N$ 에 대하여 성립할 수밖에 없게 되지만, 이 결과는 좋지 않다. 2차원 공간인 $\mathcal{D}_q$ 가 3차원 공간이 되어야 하는 모순이 생기기 때문이다.

이제까지 추론을 살펴 보면 부분다양체 $i\colon N \hookrightarrow M$ 가 존재한다는 가정에서 이 모순이 도출된 것이므로, 위에 제시된 매끄러운 분포 $\mathcal{D}$ 는 매끄러운 2차원 다양체를 접촉기하학적 방법으로 만들어낼 수 없다는 결론에 도달하게 되었다.

이 추론 과정에는 일반성이 있다. 즉 벡터장들이 어떤 부분다양체에 접하는 경우에는 리 괄호를 통해 얻어지는 벡터장들도 같은 부분다양체에 접해야 한다는 성질은 항상 성립하기 때문이다. 그러므로 이로부터 추론되는 기하학적 결과를 명확히 정리해 두는 것이 좋을 것 같다. 그러나 그전에 매립부분다양체에 대해 잠시 한 가지를 정리하려 한다.

N 이 매끄러운 다양체 M 의 매립된 부분다양체라는 말은, N 자신이 매끄러운 다양체이며 단사 넣음함수 (injective immersion, 즉 부분다양체) $f\colon N \to M$ 가 존재할 뿐만 아니라 M 으로부터 물려받은 위상으로 무장한 $f(N)$ 으로 치역을 제한한 $f\colon N \to f(N)$ 가 위상동형이라는 것이 원래의 정의이지만, 위의 정리 4.4.2 때문에 $f(N)$ 을 N 으로, f 는 자명함수로 대치함을 통해 결국 $i\colon f(N) = N \hookrightarrow M$ 으로, 즉 $N \subset M$ 으로 생각하여도 미분다양체 이론으로 보아서는 전혀 차이가 생기지 않는다.

앞으로 자주 쓰이게 될 용어를 하나 정의하고 이론 전개를 계속하기로 하자.

정의 4.6.3 $\mathcal{C}^\infty$ 급 다양체 M 과 그의 부분집합인 매립 부분다양체 N 이 주어졌다고 하자. 매끄러운 벡터장 $X \in (M)$ 이 조건 $X_p \in T_pN$ 를 임의의 $p \in N$ 에 대하여 만족하면, X **가 점** $p \in N$ **에서** N **에 접한다**고 정의한다.

그리고, 앞에서 사용했던 리 괄호에 대한 명제를 정확히 밝혀 둔다.

정리 4.6.1 매끄러운 다양체 M **과 매끄러운 매립부분다양체** $N \subset M$ **이 주어졌고, 점** $p \in N$ **이 주어졌다고 하자. 만일 매끄러운 벡터장** $X, Y \in (M)$ **이 점** p **에서** N **에 접하면 리 괄호** $[X, Y]$ **도 역시 점** p **에서** N **에 접한다.**

증명/스케치. 이 정리의 증명은 어렵지 않지만 독자들이 이런 논증 방법에 아직 익숙하지 않을 수 있다는 생각에 줄거리를 비교적 자세히 쓴다. M 과 N 의 차원이 같으면 증명이 필요하지 않으므로, $\dim M = m > n = \dim N$ 라고 가정하자. 그러면 M 안에,

점 p를 포함하는 적절한 국소좌표계 $(U, x = (x_1, \ldots, x_m))$를 택하여 조건

$$x(p) = (0, \ldots, 0)$$

와

$$q \in U \cap N \Leftrightarrow x_{n+1}(q) = \ldots = x_m(q) = 0$$

가 성립하게 할 수 있다. 정리 4.4.2와 매립부분다양체의 위상에 관한 조건 때문이다. 따라서, 벡터장

$$Z = \sum_{\ell=1}^{m} a_\ell(x_1, \ldots, x_m) \frac{\partial}{\partial x_\ell}$$

이 점 p에서 N에 접할 필요충분조건은 $a_{n+1}(x(p)) = \ldots = a_m(x(p)) = 0$이다. 이 명제의 증명은 쉽지만 독자를 위한 연습문제로 돌리는데, 이를 이용하면 나머지 증명도 쉽게 할 수 있다. 자세한 증명을 구성하는 것은 연습문제로 돌린다. □

비슷한 논증 방법으로 아래 정리도 증명할 수 있다.

정리 4.6.2 앞 정리와 마찬가지로 매립부분다양체 $N \subset M$ 및 점 $p \in N$이 주어졌다고 하자. M 의 열린 부분집합인, 점 p의 근방 U에 대하여, $U \cap N$에 정의된 매끄러운 벡터장 X, Y를 확장한 U 위의 매끄러운 벡터장 $\tilde{X}, \tilde{Y}$가 주어졌으면 (즉, $\tilde{X}|_{U\cap N} = X$, $\tilde{Y}|_{U\cap N} = Y$가 성립하면) 등식 $[\tilde{X}, \tilde{Y}]_p = [X, Y]_p$가 성립한다.

이 정리가 보여주는 바는, 벡터장의 확장은 매끄러운 함수의 확장과 마찬가지로 확장하는 방법에 따라 그 결과가 달라지지만

리 괄호의 결과를 부분다양체의 점에 국한하면 확장에 무관하게 그 값이 일정하다는 점이다. 증명은 앞 정리 "증명/스케치"의 국소좌표계 방법을 사용하면 어렵지 않게 얻어지므로 독자 스스로 해 보도록 연습문제로 둔다.

이제까지의 추론을 보면 "벡터장들이 매립부분다양체에 접하면 그들의 리 괄호들도 그 부분다양체에 접해야 한다." 라는 결론을 얻게 된다. 따라서 이 절의 앞머리에 제시한 보기 4.6.1을 이제는 조금 더 잘 이해할 수 있게 되었다. 즉, 주어진 매끄러운 분포 안에 있는 벡터장의 리 괄호가 분포에 속하지 않는 벡터를 만들어 내는 경우에는 분포를 접다발로 가지는 매립부분다양체가 존재할 수 없다는 것이 보기 4.6.1이 말하는 바인 것이다. 따라서 아래와 같이 분포가 만족할 조건을 정의해 둘 필요가 있겠다.

정의 4.6.4 (자생 분포) 다양체 M 위의 매끄러운 분포 $\mathcal{D}$에 대하여 이 분포에 속하는 매끄러운 벡터장의 싹(germ)들이 이루는 리 괄호가 다시 $\mathcal{D}$의 벡터장이 되면, $\mathcal{D}$ 를 **자생 분포** (involutive distribution)라 부르고, 이 성질을 기호 $[\mathcal{D}, \mathcal{D}] \subset \mathcal{D}$로 표시하기로 한다.

4.6.3 프로베니우스 정리 (Frobenius' theorem)

앞 절에서 자생 분포가 아닌 매끄러운 분포는 접촉기하학적인 관점에서 부분다양체를 생성하지 못한다는 것은 명확하게 밝혔다. 그렇다면 그 역은 어떨까? 이에 대한 대답이 아래의 프로베니우스 정리이다.[3] 필요한 정의로부터 출발하기로 하자.

정의 4.6.5 (적분가능성 (integrability)) 매끄러운 다양체 M 위에 정의된 매끄러운 분포 $\mathcal{D}$가 임의의 점 $p \in M$에 대하여 이 점을 지나는 매립부분다양체 N이 존재하여 조건

$$\mathcal{D}_q = T_qN, \quad \forall q \in N$$

을 만족하면, 이 분포 $\mathcal{D}$는 **적분가능** (integrable)하다고 정의한다. 그리고, 이 경우 N을 $\mathcal{D}$의 **적분다양체** (integral submanifold)라고 부르기로 한다.

정리 4.6.3 (프로베니우스 정리) 매끄러운 다양체 위에 정의된 매끄러운 분포의 적분가능성과 자생성은 서로 필요충분 관계에 있다.

증명.
(적분가능성 ⇒ 자생성): 이 방향의 논증은 앞에서 이미 설명하였으므로 생략한다.

[3] 프로베니우스 정리 (Frobenius' theorem)으로 알려져 있는 이 정리는 바이에르슈트라스 교수의 제자인 **페르디난트 게오르그 프로베니우스** (1849-1917)의 이름이 붙어 있으나 이 정리를 처음 증명한 수학자는 **알프레드 클렙슈**와 **표도르 데아나**라고 한다. 프로베니우스 교수의 공헌은 이 정리를 파피안(Pfaffian) 시스템에 적용하는 방법론을 개발하여 현대 미분위상수학과 미분다양체 이론에 이 정리가 사용될 수 있는 길을 열었다는 것이라고 한다 [Wikipedia]. 문제 자체의 해결보다는 '유용한 방법론의 정립'이 다른 연구자들에게 파급효과가 더 큰 경우가 많은데 이 정리가 거기에 해당된다고 수학자들이 판단한 듯하다.

(자생성 ⇒ 적분가능성): $\mathcal{D}$ 가 m차원 매끄러운 다양체 M 위에 정의된 k차원 자생 분포라 할 때, 우리는 아래 명제

($\mathcal{S}_k$) 다양체 M 의 임의의 점 p 에 대하여, 집합

$$N = \{q \in U : x_{k+1}(q) = \ldots = x_m(q) = 0\}$$

이 두 조건

(1) $x(p) = (0, \ldots, 0)$.

(2) $T_q(N) = \mathcal{D}_q, \quad \forall q \in N$.

를 만족시키는 M 의 국소좌표계 $(U, x = (x_1, \ldots, x_m))$ 가 존재한다.

를, 차원 k에 대한 수학적 귀납법을 사용하여 논증하려고 한다.

($\mathcal{S}_1$) **의 증명**: 본질적으로 자명하지만 정확한 증명을 쓰는 것이 독자들 스스로 하도록 내어 버려 두기에는 조금 어려울 수도 있으므로 비교적 자세히 쓴다.

$\mathcal{D}$ 에 속하며 p 의 적당한 좌표 근방 $(U, y = (y_1, \ldots, y_m))$ 에 대하여 U 에 속한 어느 점에서도 영벡터가 되지 않는 벡터장을 X 가 주어졌다고 하자. 앞에서 정의하였던 이 벡터장의 흐름함수인 (국소) 미분동형을 이전에 썼던 기호 Φ_t^X 로 쓰기로 하자. 관계식

$$\sigma(t, a_2, \ldots, a_m) = \Phi_t^X(y^{-1}(0, a_2, \ldots, a_m))$$

을 통하여, 적절한 양수 ϵ과 $\mathbb{R}^{m-1}$ 의 원점을 포함하는 적절한 열린 근방 W 에 대하여 정의되는 매끄러운 함수 $\sigma : (-\epsilon, \epsilon) \times W \to$

M를 구성할 수 있다. 유클리드 공간 $\mathbb{R}^m$의 데카르트 표준좌표계를 $\bar{x} = (\bar{x}_1, \ldots, \bar{x}_m)$로 쓰고, 직접 계산에 의하여

$$d\sigma\left(\frac{\partial}{\partial \bar{x}_1}\bigg|_0\right) = X_p = \frac{\partial}{\partial y_1}\bigg|_p,$$
$$d\sigma\left(\frac{\partial}{\partial \bar{x}_k}\bigg|_0\right) = \frac{\partial}{\partial y_k}\bigg|_p, \quad \forall k \in \{2, \ldots, m\}$$

가 성립함을 확인할 수 있다. (계산은 연습문제로 둔다.) 따라서 음함수 정리에 의해, 양수 ϵ과 열린 근방 W를 줄여 함수 $\sigma\colon (-\epsilon, \epsilon) \times W \to \sigma\Big((-\epsilon, \epsilon) \times W\Big)$가 미분동형이 되게 할 수 있다. 이제 $x = (x_1, \ldots, x_m) := \sigma^{-1}$로 정의하고 $V := \sigma\Big((-\epsilon, \epsilon) \times W\Big)$라고 두면 (V, x)는 점 p를 포함하는 M의 국소좌표계이며

$$d\sigma\left(\frac{\partial}{\partial \bar{x}_1}\bigg|_{(t, a_2, \ldots, a_m)}\right) = X_{\sigma(t, a_2, \ldots, a_m)}$$

로부터

$$X_q = \frac{\partial}{\partial x_1}\bigg|_q, \quad \forall q \in V$$

를 얻는다. 이로써 귀납법 첫 단계의 증명이 완성되었다.

$(\mathcal{S}_{k-1}) \Rightarrow (\mathcal{S}_k)$ **의 증명**: $\mathcal{D}$가 매끄러운 k차원 분포이므로 점 p 주변에서 $\mathcal{D}$를 생성하는 매끄러운 벡터장 $X_1, \ldots, X_k$가 존재한다.

$(\mathcal{S}_1)$에 의해 점 p 주변의 근방을 적절히 작게 잡아 국소좌표계 $(V, y = (y_1, \ldots, y_m))$를 택하고, V 안에서는 $X_1 = \frac{\partial}{\partial y_1}$이

성립하게 할 수 있다. 이제 V 안에서

$$\begin{aligned} Y_1 &= X_1 \\ Y_j &= X_j - X_j(y_1)X_1, \quad \forall j = 2, \ldots, k \end{aligned}$$

로 두기로 하자. 그러면 벡터장 $Y_1, \ldots, Y_k$ 는 V 의 임의의 점에서 서로 일차 독립이고, 따라서 V 위에서 다시 $\mathcal{D}$ 를 생성하는 기저를 이룬다. 이번에는 $P = \{w \in V : y_1(w) = 0\}$ 라 두자. 그러면 P 는 $m-1$ 차원 단면이다. 그리고 벡터장

$$Z_j = Y_i|_P, \quad j = 2, \ldots, k$$

들을 생각하기로 하자. 그러면 $Z_2, \ldots, Z_k$ 들이 P 위에 매끄러운 $k-1$ 차원 분포를 이루는데 이들이 자생 분포인 것을 계산으로 바로 보일 수 있다. (이것을 계산으로 밝히는 것은 연습문제로 둔다.) 이 분포를 $\mathcal{D}'$ 이라고 두자.

이제 귀납법의 가정 $(\mathcal{S}_{k-1})$ 에 의하여 적절한 P 의 국소좌표계 $(V', (w_2, \ldots, w_m))$ 중에서 $p \in V' \subset V$ 를 만족하고 p 를 원점으로 보내면서 단면

$$S = \{z \in V' : w_{k+1}(z) = \ldots = w_m(z) = 0\}$$

가 P 안에서 $\mathcal{D}'$ 의 적분다양체가 되게 하는 것이 존재하게 된다.

이 시점에서 $\pi\colon V \to P$를 당연한 정사영 (natural projection) 이라 하고, 함수들을 아래와 같이 정의하자.

$$\begin{aligned} x_1 &= y_1 \\ x_j &= w_j \circ \pi, \quad j = 2, \ldots, m. \end{aligned}$$

이제, p의 적절한 근방 U 에 대하여 $(U, (y_1, \ldots, y_m))$ 이 우리가 원하던, 조건 (1)과 (2)를 만족하는 국소좌표계가 되고 이로써 $(\mathcal{S}_k)$ 가 정립되어 적분다양체의 존재 증명 중에서 가장 중요한 논증 부분이 완결된다. 이 마지막 부분을 계산으로 직접 밝히는 것 역시 연습문제로 둔다. [4]

정리의 증명을 완성하기 위해서는, 아직 적분다양체 전체가 매립부분다양체라는 것을 증명하는 것을 포함하여 유일성 등 자세히 밝혀야 할 부분이 남아 있기는 하지만 그런 것들은 기본적인 논리로 계산이나 특별히 어려운 점이 없이 증명이 되기 때문에 더 이상 쓰지 않고 이 정도에서 논증을 마친다. □

[4] 이 증명은 F. Warner, "Foundations of differentiable manifolds and Lie groups" 의 정리 1.60 (제 42-45쪽)에 있는 증명을 거의 그대로 번역한 것이다. 자세한 논증이 거기에 있으며, 여기 증명 후반부에 나오는 두 연습문제의 답도 거기에 있다.

4.7 미분이데알과 프로베니우스 정리

앞 절에서 중요한 역할을 했던 분포의 자생성(involutivity) 조건을 미분형식을 이용하여 쓸 수도 있는데, 이런 식의 쌍대적 관점(dual viewpoint)이 단순히 형식적인 논리를 넘어 상당히 쓸모 있는 경우가 많다. 따라서 여기에서는 미분형식들이 이루는 공간에 대수 구조를 주어 미분대수라는 대상을 구성하고 그 구조와 그에 적합한 언어로 프로베니우스 정리를 재구성하는 시도를 소개하려 한다.

4.7.1 그라스만 대수와 이데알

매끄러운 m차원 다양체 M 위의 미분형식들을 다 모아 놓고 이들의 형식적인 합 (formal sum) 개념을 생각해 보자.

미분 k형식의 k를 차수(degree)라고 부르기로 하고, M 위에 정의된 차수 k인 미분형식을 다 모아놓은 공간을 기호 $\Lambda^k(M)$로 표시하면, 이 공간은 자연스럽게 실수체를 바탕체(base field)로 하는 벡터공간이 된다. 일반적인 매끄러운 함수 계수의 존재 때문에 이 공간은 무한차원 공간이 되지만, 어쨌든 벡터공간이다.[5] 앞에서 잠깐 언급하였던 바와 같이 매끄러운 함수를 미분 0 형식으로 하고, 차수 k가 $0 \le k \le m$의 범위를 벗어나는 경우의 미분 k형식은 0으로 보는 자연스런 관점을 택하기로 하자. 이제

[5]만일 계수환 (coefficient ring)을 매끄러운 함수들이 이루는 환 $C^\infty(M)$으로 지정하면 $\Lambda^k(M)$은 유한생성 모듈(module)이다.

대수학의 직합(direct sum) 개념을 여기에 도입하여

$$\Lambda(M) := \Lambda^0(M) + \Lambda^1(M) + \ldots + \Lambda^m(M)$$

를 정의하면, 이 집합은 $\mathbb{R}$-벡터공간이고 $\mathcal{C}^\infty(M)$-모듈일 뿐만 아니라 자연스럽게 쐐기곱(wedge product)을 또 하나의 이항 연산(binary operation)으로 가지게 되어 $(\Lambda(M), +, \wedge)$가 실수체를 바탕으로 하는 $\mathbb{R}$-**대수**(**algebra**)를 이루게 된다. 이것을 **그라스만 대수** (Grassmann algebra)라고 부른다.

그라스만 대수도 당연히 이데알을 가진다. 정확히 정의해 두기로 하자.

정의 4.7.1 (그라스만 이데알) 그라스만 대수의 부분집합 $\mathfrak{a}$ 가 만일 두 조건

(1) $\mathfrak{a}$는 $\mathbb{R}$-벡터공간이다.

(2) 임의의 원소 $\omega \in \Lambda(M)$과 $\mu \in \mathfrak{a}$에 대하여 조건 $\omega \wedge \mu \in \mathfrak{a}$ 가 성립한다.

를 만족하면, $\mathfrak{a}$ 를 **그라스만 이데알** (Grassmann ideal) 이라 부른다.

프로베니우스 정리를 재구성하기 위해 필요한 정의를 지금 추가한다.

정의 4.7.2 (미분 이데알) 그라스만 이데알 $\mathfrak{a}$가 부대 조건

$$d\omega \in \mathfrak{a}, \quad \forall \omega \in \mathfrak{a}$$

를 만족하면 이런 그라스만 이데알을 특히 **미분 이데알** (differential ideal) 이라고 부르기로 한다.

4.7.2 분포와 소멸이데알

이제까지 소개한 개념 중에 내미분 개념을 사용하여 분포와 이데알 사이에 일대 일 대응 관계를 수립할 수 있으므로, 그 구성을 소개하려고 한다.

$\mathcal{D}$ 가 매끄러운 다양체 M 위에 정의된 매끄러운 분포일 때, 이 분포에 속하는 벡터장의 집합을 $\mathfrak{X}(\mathcal{D})$ 로 쓰기로 하자. 그러면 집합

$$\begin{aligned}\mathfrak{I}(\mathcal{D}) := \{\eta \in \Lambda(M) \colon \eta(X_1, \ldots, X_\ell) = 0,\\ \forall X_1, \ldots, X_\ell \in \mathfrak{X}(\mathcal{D}),\ \forall \ell \geq 1\}\end{aligned}$$

는 $\Lambda(M)$ 의 그라스만 이데알이 된다. (증명은 연습문제로 둔다.) 이 이데알을 **분포 $\mathcal{D}$의 소멸이데알** (annihilating ideal)이라 부른다. 이 개념에 대해 다음 명제가 성립한다.

도움정리 4.7.1 ***$\mathcal{D}$ 가 매끄러운 다양체 위에 정의된 분포이고, $\mathfrak{a}$ 가 이 분포의 소멸이데알이면, 필요충분관계***

$$[\mathcal{D}, \mathcal{D}] \subset \mathcal{D} \Leftrightarrow d\mathfrak{I}(\mathcal{D}) \subset \mathfrak{I}(\mathcal{D})$$

가 항상 참이다.

이 증명 역시 어렵지 않다. 앞에서 배운 카르탕의 공식에 의해 바로 얻어지는데 독자 스스로 확인하도록 연습문제로 둔다.

이제 이들 도움정리에 의해 프로베니우스 정리를 새로운 언어로 쓸 수 있게 되었다.

정리 4.7.2 (프로베니우스) 매끄러운 다양체 위에 정의된 매끄러운 분포의 소멸이데알이 미분이데알이라는 조건과 분포가 적분다양체를 가진다는 조건은 서로 필요충분 관계에 있다.

이 외에도 프로베니우스 정리와 동치인 또다른 표현이 존재한다. 관심 있는 독자들에게는 "엽층구조 (foliation structure)" 등의 키워드를 검색해 볼 것을 권하면서 이 장의 이론 전개를 맺는다.

4.8 연습문제 모음

문제 4.8.1 C^∞급 미분다양체 M, N, Q가 주어졌고, $\dim M = m$, $\dim N = n$, $\dim Q = q$가 성립하며 $Q \subset N$가 자명함수에 의한 매립부분다양체라고 하자. 매끄러운 함수 $f\colon M \to N$가 벡터공간들의 합에 대한 조건

$$df_x T_x M + T_{f(x)} Q = T_{f(x)} N$$

를 임의의 $x \in f^{-1}(Q)$에 대하여 만족한다면, $f^{-1}(Q)$ 가 M에 포함되는 (자명함수에 의한) 매립부분다양체가 되고, 또한 차원에 관한 관계식

$$\dim M - \dim f^{-1}(Q) = \dim N - \dim Q$$

도 성립함을 모두 증명하여라. [귀띔: 이 명제는 국소적으로 접근하는 것이 좋다. 국소적으로 Q를 단면으로 나타낸 다음 투영 $(y_1, \ldots, y_q, y_{q+1}, \ldots, y_n) \to (y_{q+1}, \ldots, y_n)$과 f를 합성한 함수를 사용하여 보라. 이 명제는 "transversality" 라는 키워드가 붙어 있는 잘 알려진 정리이다.]

또한, 이 명제를 매립되지 않은 다양체의 경우까지 확장할 수 있겠는가 생각해 보라.

문제 4.8.2 함수 $f\colon \mathbb{R}^3 \to \mathbb{R}^1$가 관계식 $f(x, y, z) = x^2y^2 + y^2z^2 + z^2x^2$로 주어졌다고 하자. 실수 a, b가 조건 $0 < a < b$를 만족한다고 할 때,

(a) $f^{-1}(a)$, $f^{-1}(b)$가 각각 $\mathbb{R}^3$의 2차원 매립 부분다양체임을

보여라.

(b) $f^{-1}(a)$ 와 $f^{-1}(b)$ 가 미분동형임을 보여라.

문제 4.8.3 2차원 단위구면 S^2 ($\subset \mathbb{R}^3$) 위에 정의된 함수 $\varphi\colon S^2 \subset \mathbb{R}^3 \to \mathbb{R}^4$ 가 관계식

$$\varphi(x, y, z) = (x^2 - y^2, xy, xz, yz)$$

로 정의되었다고 하자. $\varphi(-p) = \varphi(p)$ 가 성립하기 때문에 이로부터 2차원 실 사영공간 (real projective space) $\mathbb{RP}^2$ 에 정의되는 함수 $\tilde{\varphi}\colon \mathbb{RP}^2 \to \mathbb{R}^4$ 가 관계식 $\tilde{\varphi}([p]) = \varphi(p)$ 를 통해 자연스럽게 구성된다. 이 때, $\tilde{\varphi}$ 가 매끄러운 매립부분다양체를 정의함을 보여라.

문제 4.8.4 조건 $1 \leq k \leq m$ 를 만족하는 정수 k 가 주어졌고, 또 위 문제와 같은 상황에서 p 를 중심으로 한 근방 U 에 대해, 점 p 에서는 1차 독립인 매끄러운 접벡터장 $X_1, X_2, \ldots, X_k$ 들이 주어졌다고 하자. 이 때, 아래의 두 명제가 동치임을 증명하여라.

- 조건 $X_i = \frac{\partial}{\partial x_i}$ ($\forall i = 1, \ldots, k$) 를 만족하는 점 p 를 중심으로 하는 국소좌표계 $(V, (x_1, \ldots, x_m))$ 가 존재한다.
- p 점 근방에서 $[X_i, X_j] = 0$ ($\forall i, j \in \{1, \ldots, k\}$) 가 성립한다.

문제 4.8.5 연립방정식

$$\begin{cases} x + yz = 0 \\ xz + y^2 = 1 \end{cases}$$

의 풀이가 $\mathbb{R}^3$ 의 매립부분다양체를 정의하는지 판정하여라.

문제 4.8.6 관계식

$$F(x, y, z) = (x^2, y^2, z^2, \sqrt{2}xy, \sqrt{2}yz, \sqrt{2}zx)$$

로 정의된 함수 $F\colon \mathbb{R}^3 \to \mathbb{R}^6$ 가 주어졌다. $F(S^2)$ 가 $\mathbb{R}^6$ 의 매립부분다양체임을 증명하여라. [귀띔 : 투영 $\pi\colon \mathbb{R}^3 \setminus \{0\} \to \mathbb{RP}^2$ 를 이용하여 $F \circ \pi$ 에 관한 문제로 바꾸어 보아라.]

문제 4.8.7 기호 $\mathbb{C}$ 가 복소평면을 표현하도록 하고, 도넛 면 $S^1 \times S^1$ 에 관하여 함수 $\varphi\colon \mathbb{R} \to S^1 \times S^1 \subset \mathbb{C} \times \mathbb{C}$ 를 $\varphi(t) = (e^{2\pi it}, e^{2\sqrt{3}\pi it})$ 로 정의한다. 그러면 $\varphi\colon \mathbb{R} \to S^1 \times S^1$ 은 부분다양체이고, $\varphi(\mathbb{R})$ 은 $S^1 \times S^1$ 의 조밀(dense) 부분집합임을 증명하여라. 이 부분다양체는 **도넛면 위의 꼬인 나선** (skew-line on the torus) 이라고 불리는 유명한 것이다.

문제 4.8.8 넣음 함수의 미분은 매립함수가 되고, 덮음 함수의 미분은 덮음 함수가 됨을 증명하여라.

문제 4.8.9 리만 다양체 $M = \mathbb{R}^3 \setminus \{(0, 0, 0)\}$ 의 점 p 를 택하고, $F_p = \{q \in T_pM : q \perp p\}$ 를 정의하자. (T_pM 은 $\mathbb{R}^3$ 와 자연스럽게 동일시되므로 수직 개념은 $\mathbb{R}^3$ 의 표준 내적

에 의해 정의되는 것으로 이해하기로 한다.) 같은 방법으로, $E_p = \{(a,b,c) \in T_pM : (b,c,a) \perp p\}$ 도 정의한다.

(a) $F = \bigcup_{p\in M} F_p$가 자생성(involutivity)을 가지는 분포임을 증명하고, 적분다양체를 구하여라.

(b) $E = \bigcup_{p\in M} E_p$ 역시 2차원 분포임을 보여라. 이 분포가 적분가능한지 판정하여라.

문제 4.8.10 아래에 나오는 벡터장들로 생성되는 분포에 대응하는 소멸이데알을 계산하고, 각 분포가 자생성을 가지는지 (즉, 적분가능한지) 판정하여라. 적분가능할 경우에는 적분다양체를 계산하여라.

(a) $\mathbb{R}^3$의 제1 팔분공간 $\{(x,y,z) : x > 0, y > 0, z > 0\}$ 위의 벡터장 $X = x\frac{\partial}{\partial x} - 2y\frac{\partial}{\partial y}$, $Y = xy\frac{\partial}{\partial x} - xz\frac{\partial}{\partial z}$.

(b) $\mathbb{R}^3$ 위의 벡터장 $x\frac{\partial}{\partial x} + \frac{\partial}{\partial y} + x(y+1)\frac{\partial}{\partial z}$ 와 $\frac{\partial}{\partial x} + y\frac{\partial}{\partial z}$.

문제 4.8.11 다양체 M 위에 정의된 미분 1-형식 α가 다양체위의 어느 점에서도 0이 되지 않는다고 가정하자. 그러면, 분포 $\ker\alpha = \{X \in \mathfrak{X}(M) : \alpha(X) = 0\}$가 적분가능하다는 조건과 등식 $\alpha \wedge d\alpha = 0$가 성립한다는 조건이 동치관계에 있음을 증명하여라.

5

다양체 위의 적분

실해석학에서 다루는 측도(measure)를 이용한 적분은 엄밀히 말하자면 미적분학에서 소개된 적분과 다르다. 실수 직선 위의 콤팩트 구간 $A := [a, b]$ 위에서 연속 함수 $f\colon [a, b] \to \mathbb{R}$의 르베그(Lebesgue) 적분과 리만 적분

$$\int_A f d\mu, \qquad \int_a^b f(x)dx$$

을 생각해 보자. 이 두 적분의 차이점은, 적분의 방향을 바꾼 $\int_b^a f(x)dx$ 를 생각하는 순간에 본색을 드러낸다. 측도를 이용한 르베그 적분은 적분의 '방향성'이라는 것을 고려하지 않지만 리만 적분은 방향성의 영향을 받는다. 한 편 리만 적분은 불연속점이 너무 많지 않은 함수에만 정의되지만[1] 르베그 적분가능한 함수는 훨씬 더 많다는 것도 두 적분 이론의 차이점이다.

이런 평가를 하고 나면 토의할 점이 또 생긴다. 방향성을 고려하지 않는다면 당연히 르베그 적분 이론이 우수하다. 더 많은 함수를 적분이론에 적용할 수 있으며 따라서 리만 적분 이론을 르베그 이론의 관점에서 해석하고 이해할 수 있지만, 그 반대의 관점은 어렵기 때문이다. 그렇다면, 특별히 리만 적분을

[1] **실수 직선 위의 유한 구간에 정의된 실수함수의 불연속점 집합의 르베그 측도가 0이라는 성질과 이 함수의 리만 적분 가능성은 논리적으로 동치관계에 있다**는 것은 르베그 (Lebesgue) 교수의 유명한 정리 중 하나이다.

언급하는 이유가 그 방향성이 그리도 중요하기 때문이란 말인가? 또 하나, 미적분학에서는 리만 적분이 부정적분, 즉 원시함수를 만들어 내는 위대한 특징이 (미적분학의 기본정리!) 있었는데 여기 다양체의 적분이론에도 그런 것이 있단 말인가? 그런 것이 아니라면, 왜 굳이 방향성이 있는 적분을 공부하려고 하는가? 거기에 특히 무슨 장점이 있는가?

모두 좋은 질문이다. 물론, 이 질문을 모두 저자가 했다는 점을 부인하지 않겠다. ㅎㅎㅎ. 차차 밝혀 보기로 하자.

5.1 방향성

5.1.1 벡터 공간의 방향성

우리가 사용하려는 적분을 정의하기 위해서는 먼저 방향성(orientation)이라는 개념이 먼저 확립되어야 한다.

2차원 평면에서는 왜 반시계 방향이라는 것을 양의 방향으로 생각했을까? 사실 방향성을 사용하는 수학 이론을 전체적으로 살펴 보면, 시계 방향이든 반시계 방향이든 편리한 것을 하나 선택하면 충분하고 굳이 반시계 방향을 선택해야 할 당위성이 없는데 말이다!

물론, 이유가 아주 없지는 않다. 좌표축을 선택할 때 전통적으로 수평축(x축)을 먼저 선택하고 수직축을 나중에 선택하는 습관에 길들여진 탓이다. 오른쪽으로 한 단위만큼 이동한 다음 위쪽으로 한 단위를 이동하면 반시계 방향을 이루는 것을 확인해 보라. 반대로, 수직축을 먼저 선택하여 위로 움직인 다음 수평축을 따라 오른쪽으로 움직이면 시계 방향으로 돌게 되고 모든 기준이 반대로 바뀌게 된다.

이제 관점의 변화가 일어난다. 즉, 방향성은 회전 개념이라기 보다는 벡터 공간의 기저에 순서를 붙이는 방법이라는 데 생각이 미치게 되고, 이렇게 관점을 바꾸는 순간 평면을 넘어 3차원 또는 고차원 공간의 경우에도 방향성을 정의할 수 있는 방법이 보이게 된다.

정의 5.1.1 n차원 벡터 공간 V가 주어졌을 때, 이 공간의 복제 n개의 데카르트 곱 $V^n := \{(v_1, \ldots, v_n) \colon v_i \in V, \forall i\}$를 생각하자. 만일 원소 $\mathrm{v} = (v_1, \ldots, v_n) \in V^n$의 성분들인 $v_1, \ldots, v_n$들이 일차 독립이면 이 원소 v를 **정렬된 기저** (ordered basis)라 부르기로 한다.

벡터공간 V의 정렬된 기저들이 이루는 공간을 $\mathcal{B}_V$로 쓰기로 하자. 두 정렬된 기저 $\mathrm{v} = (v_1, \ldots, v_n), \mathrm{w} = (w_1, \ldots, w_n)$이 주어졌을 때 등식

$$w_i = \sum_{j=1}^{n} A_{ij} v_j, \text{ for } i = \{1, \ldots, n\}$$

을 만족하는 $n \times n$ 행렬 (A_{ij})가 조건 $\det(A_{ij}) > 0$를 만족하면 $\mathrm{v} \sim \mathrm{w}$로 정의하자. 이렇게 정의한 $\sim$은 $\mathcal{B}_V$ 위에서 동등관계 (equivalence relation)가 된다. 다음 보조정리는 당연하다.

도움정리 5.1.1 동등관계 $\sim$의 동급들의 공간 $\mathcal{B}_V/\sim$은 정확히 두 개의 원소로 이루어져 있다.

정의 5.1.2 $\mathcal{B}_V/\sim$의 원소를 **방향성** (orientation)이라고 부른다. 하나를 택하여 **정방향성** (positive orientation)이라 부르고 기호 λ_+ 로 표시하고, 다른 하나를 **역방향성** (negative orientation)이라 부르고 기호 λ_- 로 표시한다. 벡터 공간에 (정)방향성을 표시하여 (V, λ_+)를 **방향 벡터공간** (oriented vector space)이라고 부른다.

5.1.2 아틀라스로 보는 방향성

위에서 설명한 방향성 개념을 다양체로 옮기는 자연스러운 방법이 이미 수립되어 있다. 정의는 아래와 같다.

정의 5.1.3 (방향성, Orientation) k 를 양의 정수라 하자. m차원 다양체 M 위에 정의된 $\mathcal{C}^k$급 아틀라스 $\mathcal{A}$가 주어졌다고 하자. 이제, 아래 두 조건을 만족하는 부분집합 $\mathcal{A}' \subset \mathcal{A}$를 생각하기로 하자.

(1) 임의의 점 $p \in M$ 에 대하여 그 점을 포함하는 국소좌표계가 $\mathcal{A}'$ 안에 존재한다.

(2) $\mathcal{A}'$에 속하는 두 국소좌표계 $(U, (x_1, \ldots, x_m))$과 $(U', (x'_1, \ldots, x'_m))$이 조건 $U \cap U' \neq \emptyset$을 만족할 때면 항상 조건

$$\det \left(\left. \frac{\partial x'_k}{\partial x_\ell} \right|_q \right)_{1 \le k, \ell \le m} > 0, \quad \forall q \in U \cap U'$$

가 성립한다.

만일 이런 부분집합 $\mathcal{A}'$ 가 존재하면, "**다양체 M 이 방향성을 가진다** (M is orientable)" 라고 정의한다. 동시에, 위의 성질 (2)를 만족하는 국소좌표계를 모두 모은 $\mathcal{A}$의 부분집합을 하나 선택하여 이를 M 의 **정방향** (positive orientation) 이라고 부르기로 하자. 또한, 두 국소좌표계가 조건 (2)를 만족하면 이들은 **같은 방향성을 지닌다**고 말하기로 한다.)

평면 $\mathbb{R}^2$ 의 국소좌표계 $(\mathbb{R}^2, (x, y))$와 $(\mathbb{R}^2, (2x+1, \sqrt{3}y)$ 는 같은 방향성을 가지지만 $(\mathbb{R}^2, (y, x))$ 는 다른(반대) 방향성을 가진다. $\mathbb{R}^3$ 의 경우에는 어떤 예를 들 수 있겠는가?

문제 5.1.1 매끄러운 미분다양체 $(M, \mathcal{A})$가 방향성을 가진다고 가정하고, $\mathcal{A}'$가 정방향이라고 하자. 그러면 $\mathcal{A}'' := \mathcal{A} \setminus \mathcal{A}'$ 도 위 정의의 두 조건을 모두 만족하고, 따라서 또다른 정방향을 이룰 수 있음을 보여라. 이 경우 당연하게도 $\mathcal{A}''$를 **역방향** (opposite orientation)이라고 부른다.

5.1.3 m 형식으로 보는 방향성

우선 m차원벡터공간 V와 이 공간의 기저(basis)를 하나 생각하여

$$v_1, \ldots, v_m$$

으로 나타내기로 하자. 그리고 선형동형(linear isomorphism) $A \colon V \to V$ 를 생각하기로 하자.

임의의 $k \in \{1, \ldots, m\}$에 대하여 $A(v_k)$를 $v_1, \ldots, v_m$ 의

일차결합(linear combination)으로 나타낼 수 있으므로

$$A(v_k) = \sum_{\ell=1}^{m} a_{k\ell} v_\ell$$

로 표시될 수 있고, 여기에 등장하는 계수 $a_{k\ell}$ 들이 선형함수 A 의 행렬을 구성한다는 것 등, 독자들은 이런 지식을 선형대수학에서 배워 잘 갖추고 있을 것이다.

이제 여기에 쐐기곱을 적용해 보자. $A(v_1) \wedge \cdots \wedge A(v_m)$ 은 어떻게 될까? 쐐기곱에 중복되는 벡터가 들어 있으면 0이 된다는 것을 기억한다면, 직접 계산에 의해

$$\begin{aligned} &A(v_1) \wedge \cdots \wedge A(v_m) \\ &\quad = \Big(\sum_{\ell=1}^{m} a_{1\ell} v_\ell\Big) \wedge \cdots \wedge \Big(\sum_{\ell=1}^{m} a_{m\ell} v_\ell\Big) \\ &\quad = \Big(\sum_{\sigma \in \mathcal{S}_m} (\mathrm{sgn}(\sigma)) a_{1\sigma(1)} \cdots a_{m\sigma(m)}\Big)\, v_1 \wedge \cdots \wedge v_m \\ &\quad = (\det A) v_1 \wedge \cdots \wedge v_m \end{aligned}$$

가 성립함을 바로 얻을 수 있다. 여기에서, $\mathcal{S}_m$ 은

$$\mathcal{S}_m = \{\sigma\colon \{1, \ldots, m\} \to \{1, \ldots, m\}\colon \text{ 일대 일 대응 함수}\}$$

즉, 숫자 $1, \ldots, m$ 의 치환 (permutation) 들의 집합이고, $\mathrm{sgn}(\sigma)$ 는 치환 σ 의 부호이다. 짝치환(even permutation)에는 $+1$ 을, 홀치환(odd permutation)에는 -1 을 값으로 부여한다.[2]

[2]이전에는 한자어 "우치환"과 "기치환"을 썼으나 대한수학회의 추천 한글

이번에는 쌍대 공간의 경우를 생각해 보자. 쌍대공간 V^* 와 쌍대기저 (dual basis) $v_1^*, \ldots, v_m^*$ 가 관계식

$$v_k^*(v_\ell) = \begin{cases} 1 & k = \ell \\ 0 & k \neq \ell \end{cases}$$

에 의해 주어지는 것을 기억하고, A 의 쌍대선형함수(the adjoint linear map) 인 $A^* : V^* \to V^*$ 가 관계식

$$(A^*(v_k^*))(v) = v_k^*(A(v))$$

에 의해 정의된다는 것을 (단, 여기에서 $v \in V$) 선형대수학에서 배운 독자는, 여기에서 한 걸음 더 나아가

$$A^*(v_k^*) = \sum_{\ell=1}^{m} a_{k\ell}^* v_\ell^*$$

를 만족하는 실수계수들이 사실은

$$a_{k\ell}^* = a_{\ell k}$$

이라는 관계를 만족한다는 것까지 모두 확인할 수 있을 것이다.

용어가 이렇게 바뀌었다. 좋아 보인다.

따라서 A 의 전치행렬(transpose)을 A^T 로 쓰면, 아래의 등식

$$\begin{aligned} A^*(v_1^*) \wedge \cdots \wedge A^*(v_m^*) \\ &= (\det A^T)\, v_1^* \wedge \cdots \wedge v_m^* \\ &= (\det A)\, v_1^* \wedge \cdots \wedge v_m^* \end{aligned}$$

도 바로 도출할 수 있을 것이다.

이제 아틀라스를 사용하여 방향성을 정의한 것을 새로운 입장에서 생각해 보자. 앞의 정의는 접공간의 기저 $\frac{\partial}{\partial x_1'}, \ldots, \frac{\partial}{\partial x_m'}$ 들을 순서대로 기저 $\frac{\partial}{\partial x_1}, \ldots, \frac{\partial}{\partial x_m}$ 로 변환하는 국소미분동형 $x' \circ x^{-1}$ 의 미분의 행렬식(determinant)이 양수라는 조건을 만족시키는 것으로 방향성이 같은 국소좌표를 결정하고 이로써 정방향성이라는 것을 정의했던 것인데, 이를 쌍대 접공간의 기저에 적용한다면 바로 행렬식(사실은 전치행렬의 행렬식)을 사용하도록

$$dx_1' \wedge \cdots \wedge dx_m' = \lambda\, dx_1 \wedge \cdots \wedge dx_m$$

으로 쓸 때 $\lambda > 0$ 라는 조건을 만족한다는 말과 정확히 일치하게 됨을 이제 알 수 있다. 이를 통해 앞의 정의와 동치인 명제를 여기 소개할 수 있게 되었다.

정리 5.1.2 m**차원 미분다양체** M **위의 어느 점에서도** 0**이 되지 않는 미분** m **형식이 존재한다는 명제와,** M**이 방향성을 가진다는 명제는 논리적으로 동치이다.**

증명. 먼저 M이 방향성을 가진다고 가정하고, 정방향을 정의하는 부분 아틀라스를 $\mathcal{A}^+ = \{(U, (x_1^U, \ldots, x_m^U))\}$ 라고 표시하

기로 하자. 이 정방향에 나타나는 국소좌표근방 U들을 다 모은 집합 $\mathcal{U} = \{U\colon (U, x^U) \in \mathcal{A}^+\}$에 의존하는 매끄러운 단위분할 $\Psi := \{\psi_U\colon U \in \mathcal{U}\}$을 이용하여 좌표근방 U 마다 그 안에 정의된 매끄러운 m 형식 $\psi^U dx_1^U \wedge \cdots \wedge dx_m^U$을 생각하기로 하자. 그런 다음

$$\omega := \sum_{\psi^U \in \Psi} \psi^U \; dx_1^U \wedge \cdots \wedge dx_m^U$$

라 두면, ω는 M 전체에 정의된 미분 m 형식이며 M 위의 어느 점에서도 0이 되지 아니한다.

이번에는 거꾸로, M 전체에 정의되고 아무데에서도 0이 되지 않는 미분 m 형식 ω가 주어졌다고 하자. 그러면

$$\Lambda^+ := \bigcup_{p \in M} \{a\omega_p\colon a \in \mathbb{R}, a > 0\}$$

와

$$\Lambda^- := \bigcup_{p \in M} \{-a\omega_p\colon a \in \mathbb{R}, a > 0\}$$

라고 두자. 이제 $O := \bigcup_{p \in M} \{0\omega_p\}$라 두면 O는 $\Lambda^m(T^*M)$의 닫힌 부분집합이다. [3] 이로부터 $\Lambda^m(T^*M) - O$가 공통부분이 없는 두 개의 열린 부분집합 Λ^+와 λ^-의 합집합과 같음을 또한 추론할 수 있다. 이제는 각 국소좌표계 $(U, (y_1^U, \ldots, y_m^U))$ 마다 필요하다면 첫 두 성분 y_1^U, y_2^U의 순서를 바꾸어 매겨서 적당한

[3]미분 m 형식들의 집합이 매끄러운 다양체가 된다는 것을 아직 증명하지 않았다. (저자의 실수다!) 이 집합은 차원이 $1 + \dim M$인 매끄러운 다양체인데, 사실은 벡터 다발이며, M 위에 세워진 1차원 올을 가지는 소위 **선다발** (line bundle)이다. 어쩔 수 없이 연습문제로 둔다.

양수함수 $\lambda\colon U \to \mathbb{R}$ 에 대하여 $\omega|_U = \lambda\, dy_1^U \wedge \cdots \wedge dy_m^U$ 가 성립하게 할 수 있다. 이 절의 앞에서 했던 논증에 의해, 이와 같이 선택된 좌표계들이 M 의 방향성을 정의한다는 것이 자연스럽게 추론된다. □

문제 5.1.2 매끄러운 m차원다양체 M 위의 한 점 p에 의해 정의되는

$$\Lambda^m(T_p^* M)$$

는 1차원 벡터공간임을 보여라. 이 공간들의 합집합인

$$\Lambda^m(T^* M) := \bigcup_{p \in M} \Lambda^m(T_p^* M)$$

가 매끄러운 $m+1$차원다양체임을 증명하여라.

문제 5.1.3 매끄러운 m차원다양체 M 위의 한 점 p에 의해 정의되는

$$\Lambda^k(T_p^* M)$$

역시 벡터공간이다. 차원은 얼마이겠는가? (사실은 $m!/(k!(m-k)!)$ 인데 왜 그런지 설명하여라.) 이 공간들의 합집합인

$$\Lambda^k(T^* M) := \bigcup_{p \in M} \Lambda^k(T_p^* M)$$

도 매끄러운 다양체를 이루고, 그 차원은 $m + m!/(k!(m-k)!)$ 이 된다. 이들 명제를 모두 증명하여라.

5.2 미분형식의 적분

이제 매끄러운 m차원 다양체 M 위에 정의된 미분 m형식 ω를 적분하려고 한다. 이를 위해서는 먼저 M이 방향성을 가져야 한다. 방향성을 가지지 않는 다양체의 경우에는 국소좌표계의 선택에 따라, 국소좌표계 안에 있는 다면체 Δ에 대하여[4] $\int_\Delta \omega = -\int_\Delta \omega$가 성립하게 되고 결국 우리의 적분은 모두 다 0이 되어버려 쓸모 있는 결과를 얻지 못하게 되기 때문이다.

그러므로 방향성 있는 매끄러운 m차원 다양체 M이 주어졌다고 하고 새로 시작하자.

버팀영역(support)이 항상 국소좌표근방 안에 들어 있는 매끄러운 단위분할 $\{\psi_j\}$을 이용하여 $\int_M \omega = \sum_j \int_M \psi_j \omega$를 이용하여 적분을 정의하는 것이 자연스럽다는 것은 누구든 인정할만 하다. 따라서 방향성이 있는 다양체 위에서 m 형식을 적분하기 위해서는 $\mathbb{R}^m$ 위에서 버팀영역이 콤팩트인 경우 m 형식을 어떻게 적분하는지에서부터 토의를 시작하려고 한다.

5.2.1 $\mathbb{R}^m$ 에 정의된 미분 m 형식의 적분

유클리드 공간 $\mathbb{R}^m$에는 표준 좌표계 $(t_1, \ldots, t_m)$이 있어서 방향성도 자연스럽게 $dt_1 \wedge \cdots \wedge dt_m$을 정방향으로 하도록 주어진다. (굳이 다르게 하려고 해 봐야 색다른 이론이 나오지 않는다!) 게다가 임의의 매끄러운 미분 m 형식은 매끄러운 함수

[4] 국소좌표계 안에 있는 다면체의 정의는 독자가 기대하는 바와 같이 자연스러운 방법으로 정의된다. 국소좌표계 (U, ψ)가 주어졌다면, $\mathbb{R}^m$의 열린 부분집합 $\psi(U)$에 포함되는 다면체 K의 역상(inverse image)인 $\psi^{-1}(K)$가 U 안에 있는 다면체인 것이다.

$f(t_1, \ldots, t_m)$ 에 의하여

$$\omega = f\, dt_1 \wedge \cdots \wedge dt_m$$

로 표시된다. 따라서 m 형식 ω의 정의구역은 함수 f의 정의구역과 같은데, 이를 열린영역이라 가정하고 D로 표시하기로 하자. 이제 부분집합 A가 주어졌으면

$$\int_A \omega = \int_A f(t_1, \ldots, t_m) dt_1 \cdots dt_m$$

로 정의하면 되겠다. 물론 우변의 적분값이 존재하지 않을 수도 있으니 그 경우에는 좌변도 정의되지 않는 것으로 정의하겠고, 모두 다 이상적으로 잘 존재하면 이로써 m 형식의 유클리드 공간에서의 적분을 정의하기로 한다.

여기 적분이론에서 주로 다루는 경우는, A가 다각형, 즉 초평면 여러 개에 의해 정의되는 도형, 그 중에서도 콤팩트인 것이고, 함수도 매끄러운 것만 주로 다룰 것이므로 실해석학적인 관점에서 염려할 만한 미묘한 문제는 거의 발생하지 않는다.

5.2.2 사슬과 적분

사슬 (chain) 이라는 수학 용어를 이해하기 전에 사슬을 구성하는 기본 단위가 되는 **단순다면체** (simplex) 개념부터 정의해야

한다. 잘 알려진 $\mathbb{R}^m$ 의 **표준단순다면체** (standard simplex)는

$$\Delta^m := \{(a_1, \ldots, a_m) \in \mathbb{R}^m : \\ a_j \geq 0,\ \forall j = 1, \ldots, m;\ \ \sum_{j=1}^{m} a_j \leq 1\}$$

로 정의된다. 즉 $(0, \ldots, 0)$, $(1, 0 \ldots, 0)$, …, $(0, \ldots, 0, 1)$로 표시되는 $m+1$개의 점들을 (꼭지점으로) 포함하는 최소 볼록집합 (convex hull)이 표준단순다면체이다.

이번에는 이 표준다면체를 포함하는 적절한 열린 근방 U를 정의구역으로 하고 m차원 다양체를 치역으로 가지는 매끄러운 함수 $\sigma: U \to M$와 이 함수에 의한 표준단순다면체의 상 $\sigma(\Delta^m)$, 사실은 그보다 함수 σ 자체를 m**차원 변형 단순다면체** (singular m–simplex)라고 부르기로 한다.

이제 자연수 k가 주어졌다고 하고 m차원 변형 단순다면체 $\sigma_1, \ldots, \sigma_k$ 들의 일차결합 (지금 당장은, 그냥 덧셈과 뺄셈 연산을 허용하는 형식적인 일차결합이다.)

$$S := \sum_{j=1}^{k} r_j \sigma_j, \quad r_j \in \mathbb{R}$$

을 생각하려고 하는데, 이런 대상을 m**차원 사슬** (chain)이라고 부르기로 하자.[5]

이런 개념을 소개하는 이유는 사슬 위에서 m형식을 적분하는

---

[5]여기 소개하는 사슬 개념은 대수적위상수학의 호몰로지 이론에 나오는 정의와 같다.

것이 유용하기 때문이다. 그렇다면 적분은 어떻게 정의하는 것이 옳겠는가? 우선 변형 단순다면체 σ 위의 적분은, 치환적분을 응용하여,

$$\int_\sigma \omega = \int_{\Delta^m} \sigma^* \omega$$

로 정의하면 적절하겠고, 사슬 S 위에서의 적분은

$$\int_S \omega = \sum_{j=1}^{k} r_j \int_{\sigma_j} \omega = \sum_{j=1}^{k} r_j \int_{\Delta^m} \sigma_j^* \omega$$

로 정의하면 되겠다. 이것이 **사슬 위의 적분** (integration on a chain) 개념이다.

물 흐르듯이 자연스러운 이 정의는 꼭 다양체의 차원과 차수가 일치하는 m형식에만 적용되는 것이 아니다. $k \le m$의 경우에는 언제든지 m차원 다양체 안에 "k사슬"을 정의할 수 있다. 그리고 자연스럽게 k형식을 이런 k사슬 위에서 적분할 수 있다.[6] 적절한 정의를 만들어 보는 것은 연습문제로 둔다.

5.2.3 사슬의 표면과 경계작용소

앞 절에서 사용하였던 기호 Δ^p로 하여금 p**차원 표준단순다면체** (standard p-simplex)를 나타내도록 하자. 그러면 소위 i **번째 표면** (the i-th face)이라는 개념을 아래와 같이 정의하여 사용하는 것이 편리하다.

[6] 사슬의 차원과 미분형식의 차수가 같지 않은 경우에는 적분값을 0으로 정의하여, 일반적인 "섞인 사슬"과 "섞인 미분형" 같은 정의를 만들 수 있고 이것을 사용하는 경우도 있다.

p차원표준단순다면체에서 한 차원 더 높은 다면체로 가는 함수 $k_i^p : \Delta^p \to \Delta^{p+1}$을 생각하되,

- $p = 0$인 경우에는 $k_0^0(0) = 1,\ k_1^0(0) = 0$로 정의하고

- $p \geq 1$인 경우라면

$$k_0^p(a_1, \ldots, a_p) = \Big(1 - \sum_{i=1}^{p} a_i, \quad a_1, \ldots, a_p\Big)$$

  와, $1 \leq i \leq p$를 만족하는 i에 대해서

$$k_i^p(a_1, \ldots, a_p) = (a_1, \ldots, a_{i-1}, 0, a_{i+1}, \ldots, a_p)$$

  로 정의하면 되겠다.

복잡해 보이는 이 정의는 의외로 간단한 것이다. (그림을 그려 보면 좋다.) 표준다양체의 꼭지점을 원점부터 순번을 $0, 1, 2, \ldots, p+1$ 까지 매기고 나서 i 번째 표면(face)은 i 번째 꼭지점의 "대면" (opposite p–simplex), 즉 마주보는 p차원 단순다면체가 되도록 선택하는 것을 수식으로 정확히 표현한 것에 불과하다. 삼각형과 정사면체의 경우와 같이 차원이 낮은 경우를 생각하여 보면 이해가 더 쉬울 것이다.

일단 이 정의가 이해되었으면 일반적인 **변형 p차원 표준다면체** (singular p–simplex) $\sigma : \Delta^p \to M$ **의 표면**(face)은 쉽게 정의된다. 즉,

$$\sigma_i := \sigma \circ k_i^{p-1} \tag{5.1}$$

를 i **번째 표면**으로 정의하면 된다.

이런 정의를 하는 이유는 대수적위상수학의 호몰로지 군을 구성하는 형식논리를 따르는 **경계작용소** (boundary operator) 를 정의하기 위해서인데, 경계작용소는

$$\partial\sigma = \sum_{i=0}^{p}(-1)^i \sigma_i$$

로 정의된다. 이 정의를 선형적으로(linearly) 확장하면 경계작용소가 사슬에 자연스럽게 작용함을 알 수 있다.

이 단계에서 위상수학의 지식이 있는 독자는, 이 이론 전개를 통해 호몰로지 개념과 연관되는 이론 구성을 보게 되나보다 생각하게 되었을 것이다. 정확하다. **드람 코호몰로지** (De Rham cohomology)라는 개념이 등장하기 위해 골목 어귀에서 기다리고 있다. 하지만 그를 만나기 전에 준비할 것들이 좀 있다. 정리하도록 하자.

도움정리 5.2.1 위에 소개된 표면함수와 경계작용소에 대하여 등식

$$k_i^{p+1} \circ k_j^p = k_{j+1}^{p+1} \circ k_i^p \quad (\text{단}, i \le j)$$

와

$$\partial \circ \partial = 0$$

가 각각 성립한다.

이 도움정리의 증명은 '정직한' 계산으로 그냥 얻어진다. 연습문제로 둔다.

이 작용소를 가지고 변형 사슬들에게 **차원**을 **차수**로 준 다음 경계 작용소를 이용하여 호몰로지 군을 만드는 위상수학의 방법론을 적용하면 다양체의 호몰로지 군을 만들 수 있다.[7] 그러나 그런 노력은 위상수학에서 소개한 변형호몰로지 (singular homology)에 비해 새로 얻는 것이 없으므로 여기에서는 다루지 아니한다.

[7]매끄러운 함수에 의한 변형 다면체와 사슬을 생각하는 점이 연속함수를 사용한 일반적인 대수위상수학의 변형호몰로지 이론과 다른 점이다.

5.3 스톡스의 정리

5.3.1 사슬 위의 스톡스 정리

다양체의 적분정리 중에서 가장 유명한 것으로는 대개, 미적분학의 기본정리 (Fundamental theorem of Calculus)의 일반화인 스톡스(Stokes)의 정리를 든다.[8]

정리 5.3.1 (스톡스 정리 I) **c가 매끄러운 다양체 M의 p차 사슬 (chain)이라고 하고, p는 양의 정수라고 하자. 만일 ω가 c의 상을 포함하는 매끄러운 $p-1$ 형식이면, 등식**

$$\int_{\partial c} \omega = \int_c d\omega$$

가 성립한다.

이 정리를 증명하기 전에 $p = 1$인 경우 이 정리를 어떻게 이해해야 할 것인지 잠시 생각해 보기로 하자. 이 경우 표준단순다면체는 닫힌 단위구간이다. 즉 $\Delta^1 = [0, 1]$가 성립하기 때문에 임의의 사슬은 매끄러운 함수 $\sigma\colon \Delta^1 \to M$으로 표현되겠고, 경계 작용소를 사용하면

$$\partial\sigma = \sigma(1) - \sigma(0)$$

[8]스톡스 정리의 전신이라는 그린(Green)의 정리 역시 미적분학의 기본정리를 일반화한 것이다.

를 얻게 된다.[9] 따라서 스톡스 정리는 임의의 매끄러운 0형식, 즉 함수 ω에 대하여 성립하게 되고

$$\int_{\partial\sigma} \omega = \int_{\sigma} d\omega$$

가 되어야 하는데, 우변을 계산하면

$$\begin{aligned} \int_{\sigma} d\omega = \int_{\Delta^1} \sigma^* d\omega = \int_{\Delta^1} d(\sigma^*(\omega)) \\ = \int_0^1 d(\omega \circ \sigma) = \int_0^1 (\omega \circ \sigma)'(\bar{x}) d\bar{x} \\ = \omega(\sigma(1)) - \omega(\sigma(0)) \end{aligned} \tag{5.2}$$

를 얻는다. 따라서 좌변은 (두 점 위의 적분인데!) 부호와 함께 각 점에서의 함수값을 점 (즉, 0차원 사슬을 이루는 기저)의 부호를 맞추어 부여하는 것으로 이해하는 것이 옳다는 것을 알 수 있다. [10]

이제 **정리 5.3.1 (스톡스 정리 I)**을 증명하기로 하자.

증명. p차 사슬 $c = \sum_{i=1}^{\ell} r_i \sigma_i$는 p차 단순다면체 σ_i들의 실수 계수에 의한 1차 결합이다. 그러므로 $p-1$형식 ω에 대한 적분

---

[9] 보다 정확하게는 부호를 가지는 두 점의 형식합 $\sigma_0 + (-1)\sigma_1 = \sigma(1) + (-1)\sigma(0)$이다.

[10] 한 점 위의 적분 값을 무조건 0이라고 생각하는 것이 옳지 않다는 것인데, 납득하기 어려울 수 있겠다. 일변수 함수를 다루는 미적분학에서의 적분은, 지금 우리의 관점에 의하면, 선분 위에서 1형식을 적분한 것이어서 선분이 한 점일 경우에는 적분 값이 0이 되는 것이 옳고, 전혀 문제가 없다. 그러나 여기 계산에서는 0차원 "사슬", 예를 들어 부호가 있는 한 점 $-\sigma(0)$에서 0형식 ω를 적분하고 있으며, 올바른 계산이 $\int_{-\sigma(0)} \omega = -\int_{\sigma(0)} \omega = -\omega(\sigma(0))$라고 말하고 있다. 음미해 보기 바란다.

$\int_{\partial c}\omega$에 대한 스톡스 정리의 결론은

$$\int_{\partial c}\omega = \int_c d\omega$$

이고 이는 곧 등식

$$\int_{\partial\sigma}\omega = \int_\sigma d\omega \tag{5.3}$$

가 임의의 p차원 변형 단순다면체 σ에 대하여 성립한다는 사실과 논리적으로 동치관계에 있다.

이것을 다시 풀어 써 보기로 하자. 변형단순다면체 σ는 표준단순다면체 Δ^p를 포함하는 적절한 열린 영역에 정의된 매끄러운 함수 $\sigma\colon \Delta^p \to M$이고 경계 작용소의 정의도 이미 앞에서 설명하였으므로 식 (5.3)은

$$\begin{aligned}
\int_{\Delta^p} d(\sigma^*\omega) = \int_{\partial\sigma}\omega &= \sum_{i=0}^{p}(-1)^i\int_{\sigma_i}\omega \\
&= \sum_{i=0}^{p}(-1)^i\int_{\sigma\circ k_i^{p-1}}\omega \\
&= \sum_{i=0}^{p}(-1)^i\int_{\Delta^{p-1}}((k_i^{p-1})^*\circ\sigma^*)(\omega)
\end{aligned} \tag{5.4}$$

와 동치이다. 따라서 이 등식을 증명하는 것이 목표이고, 우리는 이를 차원 p에 대한 수학적귀납법으로 증명하려 한다.

$p=0$의 경우는 증명을 시작하기 전에 이미 보였기에 되풀이하지 않는다.

이제 $p \geq 2$라고 가정하자. 그러면 $(p-1)$형식 $\sigma^*\omega$는 매끄러운 함수 $a_j = a_j(\bar{x}_1, \ldots, \bar{x}_p)$에 의한 일차결합 형태인 식

$$\sigma^*\omega = \sum_{i=1}^{p} a_j d\bar{x}_1 \wedge \cdots \wedge \widehat{d\bar{x}_j} \wedge \cdots \wedge d\bar{x}_p$$

로 표현된다. (여기에서도 전과 같이 $\widehat{Q}$ 기호는 삿갓 밑의 항이--이 경우에는 Q가--빠졌다는 표시이다.)

합을 잠시 제쳐 두고 $\sigma^*\omega = a_j d\bar{x}_1 \wedge \cdots \wedge \widehat{d\bar{x}_j} \wedge \cdots \wedge d\bar{x}_p$ 라고 가정하자. (사실 이렇게 하면 일반성을 잃게 되지만, 합을 나중에 다시 고려하여 일반성을 회복시킬 예정이므로 이 특별한 경우만 먼저 다루려는 것이다.) 이 특수한 경우, (5.4)의 가장 왼쪽 변은

$$\begin{aligned}&\int_{\Delta^p} d\Big(a_j d\bar{x}_1 \wedge \cdots \wedge \widehat{d\bar{x}_j} \wedge \cdots \wedge d\bar{x}_p\Big)\\ &\qquad = (-1)^{j-1} \int_{\Delta^p} \frac{\partial a_j}{\partial \bar{x}_j} d\bar{x}_1 \wedge \cdots \wedge d\bar{x}_p\end{aligned} \tag{5.5}$$

가 된다. 한 편, (5.4)의 마지막 변에 해당하는 적분은

$$\begin{aligned}&\sum_{i=0}^{p}(-1)^i \int_{\Delta^{p-1}} ((k_i^{p-1})^*(\sigma^*(\omega))\\ &= \sum_{i=0}^{p}(-1)^i \int_{\Delta^{p-1}} (k_i^{p-1})^*(a_j d\bar{x}_1 \wedge \cdots \wedge \widehat{d\bar{x}_j} \wedge \cdots \wedge d\bar{x}_p)\end{aligned} \tag{5.6}$$

로 주어진다. 이를 계산하려면 적분 안에 있는 $(p-1)$형식을 계산해야 한다. 그리 하려면, 먼저 함수 $k_i^{p-1} : \Delta^{p-1} \to \Delta^p$ 이

어떻게 정의되었는지 되새겨 보는 것이 좋겠다. 유클리드 공간 $\mathbb{R}^\ell$의 표준 데카르트 좌표를 $\bar{x} = (\bar{x}_1, \ldots, \bar{x}_\ell)$로 쓰던 습관을 계속 유지하면서 쓰면, 이 함수는 식

$$k_0^{p-1}(\bar{x}_1, \ldots, \bar{x}_{p-1}) = \Big(1 - \sum_{j=1}^{p-1} \bar{x}_j, \bar{x}_1, \ldots, \bar{x}_{p-1}\Big)$$

와, 조건 $1 \leq i \leq p-1$를 만족하는 첨수 i에 대해서는 식

$$k_i^{p-1}(\bar{x}_1, \ldots, \bar{x}_{p-1}) = (\bar{x}_1, \ldots, \bar{x}_{i-1}, 0, \bar{x}_{i+1}, \ldots, \bar{x}_{p-1})$$

를 통해 정의되었다. 따라서 (5.4)의 마지막 변은

$$\begin{aligned}
&\sum_{i=0}^{p}(-1)^i \int_{\Delta^{p-1}} (k_i^{p-1})^*(a_j d\bar{x}_1 \wedge \cdots \wedge \widehat{d\bar{x}_j} \wedge \cdots \wedge d\bar{x}_p) \\
&= (-1)^{j-1} \int_{\Delta^{p-1}} a_j\Big(1 - \sum_{j=1}^{p-1} \bar{x}_j, \bar{x}_1, \ldots, \bar{x}_{p-1}\Big) \\
&\qquad \cdot d\bar{x}_1 \wedge \cdots \wedge d\bar{x}_{p-1} \\
&\quad + (-1)^j \int_{\Delta^{p-1}} a_j(\bar{x}_1, \ldots, \bar{x}_{j-1}, 0, \bar{x}_j, \ldots, \bar{x}_{p-1}) \\
&\qquad \cdot d\bar{x}_1 \wedge \cdots \wedge d\bar{x}_{p-1}
\end{aligned} \tag{5.7}$$

로 변환된다. 이 계산은 유클리드 공간의 다중적분이다. 여기에 치환적분을 적용하는데, 적분변수들을

- $j = 1$인 경우에는 그대로 가만히 두고,
- $j = 2$인 경우에는, $1 - \sum_{i=1}^{p-1} \bar{x}_i$를 새 변수 x_1로 치환하고

나머지는 그대로 두며,

- $j \geq 3$ 이면 새 변수 $\bar{x}_1, \ldots, \bar{x}_p$가 각각 $\bar{x}_2, \ldots, \bar{x}_{j-1}, 1 - \sum_{i=1}^{p-1} \bar{x}_i, \bar{x}_j, \ldots, \bar{x}_{p-1}$을 나타내도록 치환하면,

식 (5.6)이 표현

$$(-1)^{j-1} \int_{\Delta^{p-1}} \Bigg(a_j\Big(\bar{x}_1, \ldots, \bar{x}_{j-1}, 1 - \sum_{i=1}^{p-1} \bar{x}_i, \bar{x}_j, \ldots, \bar{x}_{p-1}\Big) \\ - a_j(\bar{x}_1, \ldots, \bar{x}_{i-1}, 0, \bar{x}_{i+1}, \ldots, \bar{x}_{p-1}) \Bigg) d\bar{x}_1 \wedge \cdots \wedge d\bar{x}_{p-1}$$

과 같은 값을 가지게 되며, 여기에 미적분학의 기본정리를 적용하면

$$(-1)^{j-1} \int_{\Delta^p} \frac{\partial a_j}{\partial \bar{x}_j} d\bar{x}_1 \wedge \cdots d\bar{x}_p$$

와 같아지게 된다. 이제까지 추론한 바를 종합하면 스톡스 정리의 증명이 완결된다. □

보충 5.3.1 (2차원 유클리드 평면의 경우) 위 증명 마지막에 미적분학의 기본정리의 응용이라고 하며 조금은 빠르게 지나친 부분을 조금 더 잘 이해하기 위해, 평면 $\mathbb{R}^2$ 위에 표준 방향을 설정하고, 표준 단순다면체 (이 경우에는 삼각형)

$$\Delta^2 = \{(u, v) \in \mathbb{R}^2 : 0 \leq u, v \leq 1,\ u + v \leq 1\}$$

를 생각하자. 그러면 미분 1형식 $\alpha = fdu + gdv$에 대한 두

적분

$$\int_{\Delta^2} d\alpha, \quad \int_{\partial\Delta^2} \alpha$$

의 값이 같은데 (스톡스 정리에 의해!) 이 사실을 단순히 중적분과 미적분학의 기본정리만으로 확인해 보자.

먼저 $g = 0$이라고 일시적으로 가정하여 $\alpha = f du$라면, 두 번째 적분은

$$\int_0^1 f(1-s, s)ds - \int_0^1 f(0, v)d(0) + \int_0^1 f(u, 0)du$$

가 된다. 첫 번째 적분 변수를 $t_1 = t_1, t_2 = 1 - s$로 정의되는 미분동형으로 치환하고 미적분학의 기본정리를 적용하면

$$\begin{aligned} -\int_0^1 f(t_1, 1-t_1)dt_1 + \int_0^1 f(t_1, 0)dt_1 \\ = -\int_0^1 \left(\int_0^{1-t_1} \frac{\partial f}{\partial t_2}(t_1, t_2)dt_2 \right) dt_1 \end{aligned}$$

를 얻는데, $d(fdu) = -\frac{\partial f}{\partial v} du \wedge dv$가 성립하기 때문에 이 적분이 정확히

$$\int_{\Delta^2} d(f du)$$

와 같은 값을 가진다. 이번에는 $f = 0$로 두면 비슷한 방법으로 (그러나 이번에는 치환에 사용하는 미분동형이 다르다! 직접 찾아 보아라.)

$$\int_{\partial\Delta^2} g dv = \int_{\Delta^2} d(g dv)$$

를 얻는다. 이를 정리하면 처음 보이려던 두 적분이 같은 값을

가진다는 결론을 바로 얻는다.

정사각형을 두 삼각형이 이루는 사슬로 표현하고 스톡스 정리를 적용하면 물론 정사각형의 그린(Green) 정리도 얻는다. 자세히 확인하는 것은 연습문제로 둔다.

5.3.2 유계 영역의 스톡스 정리

위에 소개한 스톡스의 정리는 '사슬' 위에서 미분형식을 적분하고 있는데, 다양체의 영역을 사슬로, 예를 들어 단순다면체의 합으로 표현할 수 있다면 일반적인 영역 위에서 미분형식을 적분할 수 있다. 이렇게 하면 벡터 미적분학에서 소개되었던 그린(Green) 정리와 스톡스(Stokes) 정리를 다양체 위에 옮겨 심을 수 있다.

이를 위해서는 영역을 다면체의 조합으로 표현하는 "삼각분할 (triangulation)"이 필요하고, 또 영역의 경계가 가져야 할 방향성을 설정해야 한다. 이론 전개는 어렵지 않지만 주의를 좀 기울여야 한다. 그럼 먼저 영역의 경계와 방향성 설정에 대해 배워 보기로 하자.

영역의 경계

매끄러운 m차원 다양체 M에 방향성이 주어졌다고 하자. 지금의 주 관심사가 적분이므로 우리는 이 다양체의 부분집합 D이 연결되어 있고 (connected) 또한 그 폐포(closure) $\overline{D}$가 콤팩트인 경우에 우선 집중하기로 하자.

통상적으로. 점 $p \in \overline{D}$에 대하여 이 점을 포함하는 국소좌표계 근방 (U, ψ)가 조건 $U \subset D$를 포함하는 경우에는 이 점 p를 영역 D의 **내부점** (interior point)이라 부른다. 하지만 점 $q \in \overline{D}$

를 포함하는 어느 국소좌표계 근방 (V,φ)를 택하여도 $V \not\subset D$가 성립하는 경우에는 상황이 다르다. 위상수학적으로는 단순히 경계점이라고 하겠지만, 조금 더 세밀한 조건을 요구할 것이다.

$H := \{(\bar{x}_1,\ldots,\bar{x}_m) \in \mathbb{R}^m \colon \bar{x}_m \geq 0\}$로 정의되는 위쪽 반공간 (upper-half space)을 생각하고, 만일 위에 설명한 점 $q \in \overline{D}$를 포함하는 국소좌표계 (V,φ)가 조건

$$\varphi(V \cap \overline{D}) = \varphi(V) \cap H$$

를 만족한다고 하자. 그러면 φ가 미분동형이므로, V를 q점의 적절한 부분근방으로 대치하여 일반성을 잃지 않으면서도 $\varphi(q) = \vec{0} = (0,\ldots,0)$가 성립하며 동시에 $\varphi(V)$가 단위구영역이 된다고 가정할 수 있으며, 그러고 나면

$$\varphi(V \cap D) = \{(\bar{x}_1,\ldots,\bar{x}_m) \colon \sum_{j=1}^{m} \bar{x}_j^2 < 1,\ \bar{x}_m > 0\}$$

가 성립하게 되겠다. q가 임의의 경계점이라고 해도 이런 성질이 성립하면, 영역 D를 매끄러운 경계를 가지는 **적분영역** (regular domain)이라고 부르도록 하겠다. 이런 영역이 우리가 다룰 영역의 기본이고, 여기에서는 이런 종류의 영역, 즉 적분영역만 다룰 예정이다.

이와 같은 적분영역 D의 경우 그 **경계** (boundary)는 물론 집합 $\partial D := \overline{D} \setminus D$이다. 이 경계는 연결된 집합은 아닐 수 있지만 $m-1$차원 콤팩트 부분다양체가 되는 것은 분명하다. 지금 소개한 매끄러운 경계를 가지는 적분영역은 이미 잘 알려진

개념인 "경계를 가지는 콤팩트 부분다양체"이다.

바깥 방향 벡터와 경계의 방향성 설정

이런 영역에 대해서는 소위 **바깥 방향 벡터** (outward vector) 라는 개념을 정의할 수 있다. 앞의 경우와 기호를 그대로 가져다 쓰기로 하면 점 q에서 D의 바깥 방향 벡터로

$$-d(\varphi^{-1})\left(\frac{\partial}{\partial \bar{x}_m}\right)\Big|_{\vec{0}}$$

을 선택하면 된다. 물론 이 정의는 그리 훌륭하지 못하다. 정의가 국소좌표계의 선택에 의존하기 때문이다. 그럼에도, 이런 미진한 점을 무릅쓰고 $\varphi = (x_1, \ldots, x_m)$를 기호로 채택한 다음, q 점 주변에서 경계 ∂D의 정렬된 국소좌표계를 $(y_1, \ldots, y_{m-1})$을 택하여 $-dy_1 \wedge \ldots \wedge dy_{m-1} \wedge dx_m$이 M의 정방향이 되는 경우를 ∂D의 정방향으로 정의하면, 아래 두 가지 성질이 성립한다.

- 이 방법으로 ∂D의 정방향이 잘 정의된다.
- 이 정의 방법에서 바깥 방향 벡터가 유일하게 결정되지 않는 애매함은 경계의 정방향을 설정하는 데 영향을 주지 아니한다.

이 두 성질이 성립하는 것을 증명하는 것은 크게 어렵지 않다. D가 연결된 영역이라는 점이 중요하게 작용하는데, 자세한 증명을 구성하는 것은 독자를 위한 연습문제로 돌린다.

매끄러운 경계를 가지는 정상 영역의 스톡스 정리

이제 매끄러운 경계를 가지는 정상 영역 D와 M의 매끄러운 미분형식에 관하여 스톡스 정리를 소개해 보자.[11]

정리를 소개하고 정확한 증명을 제공하기 위해서 준비가 필요하다.

이제 변형단순다면체 $\sigma\colon \Delta^m \to M$ 중에서도 특히 Δ^m을 포함하는 열린 근방에 정의된 미분동형의 국한인 것으로서, 방향성을 보존할 뿐만 아니라, 다음 두 조건 중 적어도 하나를 만족하는 것들만 생각하고 이들을 특히 **정상단순다면체** (regular simplex)라고 부르기로 하자.

(가) $\sigma(\Delta^m) \subset D \setminus \partial D$가 성립한다.

(나) $\sigma(\Delta^m) \subset D$와 동시에 $\sigma(\Delta^m) \cap \partial D = \sigma^m(\Delta^{m-1})$가 성립한다.[12]

이제 적분영역 D를 열린근방 U들로 덮되, 이 근방이 조건 (가)를 만족하는 정상단순다면체 σ의 내부(interior) $\sigma(\Delta^m \setminus \delta\Delta^m)$에 포함되거나, 혹은 조건 (나)를 만족하는 정상단순다면체 σ의 내부(interior)에 속하며 조건 $U \cap \partial D \subset \sigma^m(\Delta^{m-1})$에 속하는 것으로 덮는다.

이제 적분영역 위의 적분을 정의할 준비가 되었다. 콤팩트 미분다양체 M 위에 정의된 매끄러운 미분 m형식 ω가 주어졌

[11]이 증명은 F. Warner (1971), Foundations of differentiable manifolds and Lie groups 제4장에서 따 왔음을 밝혀 둔다.

[12]여기에 쓴 기호 σ^m은 앞의 (5.1)에서 소개한 바와 같이 m 번째 표면을 의미한다.

다면, $\operatorname{supp}\omega \cap D$가 콤팩트이므로[13] 바로 위에 묘사한 종류의 열린 집합 중에서 유한개를 골라 $U_1, \ldots, U_\ell$로 쓰고 이들로 집합 $\operatorname{supp}\omega \cap D$를 덮을 수 있다. 게다가 $U_0 = M \setminus (\operatorname{supp}\omega \cap D)$ 라고 둔 다음 M의 피복인 $U_0, \ldots, U_\ell$에 의존하는 매끄러운 단위분할 $\varphi_0, \ldots, \varphi_\ell$을 택할 수있고, 이를 이용하여 적분을

$$\int_D \omega := \sum_{i=1}^{\ell} \int_{\sigma_i} \varphi_i \omega \tag{5.8}$$

으로 정의하기로 하자.

이 정의는 자연스럽게 만들어졌지만 여전히 준비 과정에 의존하고 있다. 따라서 이런 준비과정에 관계 없이 같은 값을 가진다는 것을 증명해야 할 필요가 있다. 어렵지 않다.

만일 또 다른 과정에 의해 정상단순다면체 $\tau_1, \ldots, \tau_k$ 및 피복 $V_0, V_1, \ldots, V_k$과 이에 의존하는 단위분할 $\{\psi_j : j = 0, \ldots, k\}$ 가 주어졌다고 하자. 그러면 집합 $\operatorname{supp}\omega \cap D$ 위에서는 등식 $\psi_0 = 0$과 $\sum_{j=1}^{k} \psi_j = 1$이 성립해야 하므로

$$\sum_{i=1}^{\ell} \int_{\sigma_i} \varphi_i \omega = \sum_{i=1}^{\ell} \int_{\sigma_i} \sum_{j=1}^{k} \psi_j \varphi_i \omega = \sum_{i=1}^{\ell} \sum_{j=1}^{k} \int_{\sigma_i} \psi_j \varphi_i \omega$$

를 얻고, 같은 방법으로

$$\sum_{j=1}^{k} \int_{\tau_j} \psi_j \omega = \sum_{i=1}^{\ell} \sum_{j=1}^{k} \int_{\tau_j} \varphi_i \psi_j \omega$$

[13] 기호 $\operatorname{supp}\omega$는 물론 ω의 버팀영역을 표시한다.

도 얻는다. 이제 $\sigma_i(\Delta^m) \cap \tau_j(\Delta^m)$가 공집합이 아닐 경우에는 적절한 열린 집합 위에 정의된 미분동형 $\sigma_i^{-1} \circ \tau_j$가 방향성을 보존하게 된다. (공통부분이 공집합인 경우는 생각할 필요가 없다. 독자가 확인하여 보라.) 따라서 치환적분 공식에 의하여

$$\begin{aligned}\int_{\sigma_i} \psi_j \varphi_i \omega &= \int_{\Delta^m} \sigma_i^*(\psi_j \varphi_i \omega) \\ &= \int_{\Delta^m} (\sigma_i^{-1} \circ \tau_j)^* [\sigma_i^*(\psi_j \varphi_i \omega)] \\ &= \int_{\Delta^m} \tau_j^*(\psi_j \varphi_i \omega) = \int_{\tau_j} \psi_j \varphi_i \omega\end{aligned}$$

를 얻으므로, 원하던 바와 같이 (5.8)의 정의가 그 구성 과정에 관계 없이 잘 정의됨이 확인되었다.

이제 매끄러운 경계를 가지는 적분영역의 경우에, 스톡스 정리를 서술하고 증명할 준비가 되었다.

정리 5.3.2 (스톡스 정리 II) 방향성을 가지는 콤팩트 미분다양체 M에 정의된 임의의 미분형식 $\alpha \in \Lambda^{m-1}(M)$과 매끄러운 경계를 가지는 적분영역 D에 대하여 등식

$$\int_{\partial D} \alpha = \int_D d\alpha$$

가 성립한다.

증명. 정상단순다면체 $\sigma_1, \ldots, \sigma_\ell$과 단위분할 $\varphi_0, \varphi_1, \ldots, \varphi_\ell$ 및 이들이 의존하고 있는 영역 모두가 위 (5.8)을 구성할 때와 같이 주어졌다고 하자. $\operatorname{supp} \omega \cap D$ 위에서 등식 $\sum_{i=1}^{\ell} \varphi_i = 1$

가 성립하므로,

$$d\Big(\sum_{i=1}^{\ell}\varphi_i\Big)=\sum_{i=1}^{\ell}d\varphi_1=0$$

이 또한 성립하고, 따라서

$$\begin{aligned}\sum d(\varphi_i\omega)&=d\Big(\sum\varphi_i\omega\Big)\\&=d\Big(\sum\varphi_i\Big)\wedge\omega+\Big(\sum\varphi_i\Big)d\omega\\&=d\omega\end{aligned}$$

가 성립한다. 다른 한 편, σ_i가 앞에서 묘사한 (가) 형 정상단순다면체인 경우에는 supp $\varphi_i\omega$가 집합 $\sigma_i(\Delta^m)$의 내부 (경계를 제외한) 에 포함되기 때문에 등식

$$\int_{\partial\sigma_i}\varphi_i\,\omega=0$$

와 $\int_{\partial D}\varphi_i\,\omega=0$가 성립한다. 이제 (나) 형 정상단순다면체의 경우라면, 방향성을 따져

$$\begin{aligned}\int_{\partial\sigma_i}\varphi_i\,\omega&=(-1)^m\int_{{\sigma_i}^m}\varphi_i\,\omega\\&=(-1)^m(-1)^m\int_{\partial D}\varphi_i\,\omega\end{aligned}$$

를 얻는다. 이제 스톡스 정리 I을 응용하여

$$\begin{aligned}\int_D d\omega &= \sum \int_D d(\varphi_i\, \omega)\\ &= \sum \int_{\sigma_i} d(\varphi_i\, \omega)\\ &= \sum \int_{\partial\sigma_i} \varphi_i\, \omega\\ &= \sum \int_D \varphi_i\, \omega = \int_D \omega\end{aligned}$$

를 얻는다. □

이 정리와 적분의 성질에 의해 아래 정리도 성립한다. 콤팩트 다양체 M 자신이 적분영역임은 논리에 의해 자명하다는 것을 확인해 보아라.

따름정리 5.3.3 방향성을 가지는 매끄러운 m차원 콤팩트 다양체 M 위에 정의된 $m-1$ 형식 ω는 항상 등식

$$\int_M d\omega = 0$$

를 만족한다.

5.4 드람 코호몰로지

이제 잠시 적분을 접어 두고 외미분 작용소와 미분 형식들이 이루는 형식 대수를 생각해 보기로 하자.

매끄러운 이론 전개를 위해 먼저 기호를 정리하는 것이 좋겠다. 전과 마찬가지로 M은 매끄러운 m차원 미분다양체이며, 기호 d는 미분형식에 대한 외미분 작용소 (exterior differentiation operator)를 표시하고, $\Lambda^k(M)$은 M 위에 정의된 매끄러운 미분 k형식의 집합을 표시하기로 한다.

그렇다면 이제까지의 구성에 의해 소위 **사슬복체** (chain complex), 혹은 **쌍대 사슬복체** (cochain complex) 들이 나타난다. 정리하면 아래와 같다.

5.4.1 $\mathcal{C}^\infty$ 변형 사슬복체

앞에서 소개한 변형 k사슬이 이루는 벡터공간을 $C_k(M)$이라고 표현하기로 하자. 그러면 앞에서 소개한 경계 작용소 ∂ 와 더불어 사슬복체 (chain complex)

$$C_{k+1}(M) \xrightarrow{\ \partial\ } C_k(M) \xrightarrow{\ \partial\ } C_{k-1}(M) \tag{5.9}$$

을 얻는다. $\partial \circ \partial = 0$ 로부터 두 벡터공간 사이의 포함관계

$$\partial(C_{k+1}(M)) \subset \mathrm{Ker}\left(\partial\colon C_k(M) \to C_{k-1}(M)\right)$$

가 성립함을 알 수 있고, 이로부터 몫벡터공간 (quotient vector space)으로 나타나는 소위 "매끄러운 호몰로지군"을 얻을 수 있

다. 그러나 이 호몰로지군은 위상수학의 변형호몰로지 (singular homology)에 비해서 새로운 것을 더 얻는 바가 없기에, 따로 더 언급하지 않겠다고 이미 밝힌 바 있다.

5.4.2 C^∞ 쌍대사슬복체

사슬복체가 주어지면 각 공간의 쌍대공간(dual space)과 딸림함수(adjoint map)를 사용하여 쌍대사슬복체 (cochain complex)가 생성되는 과정이 대수학의 기법으로 잘 정립되어 있다. 이를 그대로 사용하면

$$C^*_{k-1}(M) \xrightarrow{\partial^*} C^*_k(M) \xrightarrow{\partial^*} C^*_{k+1}(M) \qquad (5.10)$$

을 얻는다. 물론 ∂^*의 정의는 p의 임의의 양의 정수값에 대해 성립해야 하는 관계식

$$\Big[\partial^*(\ell)\Big](c) = \ell(\partial c), \forall c \in C^p(M), \ell \in C^*_{p-1}(M)$$

에 의해 주어진다. 물론 $\partial^* \circ \partial^* = 0$ 등의 관계가 자연스럽게 성립하며 이로부터 쌍대사슬복체의 형식이 갖추어지고 각 차수에 대응되는 코호몰로지군(cohomology group) [사실은 코호몰로지 벡터공간(cohomology vector space)] 이 만들어진다.

보충 5.4.1 $C^*_k(M)$ 의 원소들은 물론 벡터공간 $C^*_k(M)$ 위에 정의되는 $\mathbb{R}$-선형함수족이지만 구체적인 예로는 무엇이 있겠는가? 우리가 사용하는 이론 전개에 따르면 임의의 미분 k형식 α에

의해 생성되는 대응관계

$$\int_{(\cdot)} \alpha : c \in C^k(M) \mapsto \int_c \alpha \in \mathbb{R}$$

가 구체적이고도 자연스러운 아주 좋은 예가 된다. 그렇다면 ∂^* 의 역할이 무엇일까? 한 가지는 쉽다. 정의에 의하면 $u \in C_{k+1}(M)$ 에 대하여

$$\partial^* \Big[\int_{(\cdot)} \alpha \Big](u) = \Big[\int_{(\cdot)} \alpha \Big](\partial u) = \int_{\partial u} \alpha$$

가 성립해야 한다는 것을 알 수 있다.

5.4.3 $\mathcal{C}^\infty$ 드람 쌍대사슬복체와 드람 코호몰로지

바로 위에서 코호몰로지의 원소가 미분형식과 밀접한 관계를 가진다는 점이 거의 분명하게 눈에 들어 온다. 그렇다면 우리에게 익숙한

$$\Lambda^{k-1}(M) \xrightarrow{\quad d \quad} \Lambda^k(M) \xrightarrow{\quad d \quad} \Lambda^{k+1}(M) \tag{5.11}$$

도 일종의 쌍대사슬복체(cochain complex)를 정의한다는 사실을 깨닫게 되는데, 이로부터 아래 코호몰로지군/벡터공간, 즉 몫공간

$$H^k_{\mathrm{DR}}(M) = \frac{\mathrm{Ker}\ (d\colon \Lambda^k(M) \to \Lambda^{k+1}(M))}{d(\Lambda^{k-1}(M))}$$

이 생성된다는 것도 당연하다. 이렇게 자연스럽게 주어지는 이 몫공간을 다양체 M의 k**차 드람 코호몰로지 공간** (the k-th De Rham cohomology vector space)이라고 부른다.

이에 발맞추어 위의 쌍대사슬복체를 **드람 복체** (the De Rham complex)라고 부르기도 한다.[14]

5.4.4 드람 정리 (De Rham's Theorem)

실수체 $\mathbb{R}$을 계수로 쓰는 변형코호몰로지군(Singular cohomology group)을 기호 $H^q_{\text{sing}}(M,\mathbb{R})$으로 표시하면, 드람 정리는 아래와 같다.

정리 5.4.1 (드람 정리) 방향성이 있는 매끄러운 다양체 M **위에서는 대수동형 관계**

$$H^k_{\text{DR}}(M) \approx H^k_{\text{sing}}(M,\mathbb{R})$$

가 모든 k**에 대해 성립한다.**

이 정리의 증명은 단순하지 않다. 여기에는 증명을 싣지 않지만, 고전적인 증명은 I. M. Singer 교수의 강의록[15]에서 찾을 수 있고, 보다 현대적이고도 일반적인 증명은 F. Warner

[14] '드람'은 이 코호몰로지 이론에 중요한 기여를 한 수학자 Georges De Rham (1903-1990)의 이름이다. 스위스의 로잔(Lausanne)에서 출생하고 로잔 대학을 졸업한 후 프랑스 파리에서 박사학위를 취득하였고 로잔에 돌아와 평생을 로잔대학에서 가르쳤다. 미분위상수학 및 기하학 분야의 뛰어난 연구자였다.

[15] I. M. Singer & J. A. Thorpe (1967 Springer UTM), Lectures on elementary geometry and topology.

의 책[16]에서 읽을 수 있다. 기본적으로 Chain homotopy와 Spectral sequence 라는 호몰로지 대수(Homological algebra)적인 방법론을 (Warner), 또는 상당히 난삽한 수학적 귀납법을 (Singer/Thorpe) 사용한다. 이 책에서는 증명은 제시하지 않고 드람 정리의 결과를 사용하는 선에서 만족하기로 한다.

5.4.5 보충

드람 정리의 중요성은 어디에 있을까? 두 코호몰로지 군이 서로 대수동형 관계에 있다는 명제가 무슨 의미를 가질까? 자연스런 의문이다.

일단 미분 $k+1$ 형식 β가 주어졌을 때 방정식

$$d\alpha = \beta \tag{5.12}$$

를 푸는 문제, 혹은 최소한 풀이에 해당하는 미분 k 형식 α의 존재 여부를 판정하는 문제를 생각해 보자.

먼저 이해해야 할 점은 이것이 그리 단순한 방정식이 아니라는 것이다. β가 4 차원 미분다양체 위에 정의된 미분 2형식인 경우 국소좌표계로는

$$\begin{aligned}\beta &= \sum_{1\leq i<j\leq 4} f_{ij}(x)dx_i \wedge dx_j \\ &= f_{12}(x)dx_1 \wedge dx_2 + f_{23}(x)dx_2 \wedge dx_3 + \ldots\end{aligned}$$

[16]F. Warner (1983 Springer GTM), Foundations of differentiable manifold and Lie groups, (초판: 1971 Foresman & Co.)

형식으로 나타나게 되니까, 위 방정식을 만족하는 1 형식 α를

$$\alpha = g_1(x)dx_1 + \cdots + g_4 dx_4$$

를 구하려면 여섯 개의 편미분방정식으로 이루어진 연립 편미분방정식

$$\begin{cases} -\frac{\partial g_1}{\partial x_2} + \frac{\partial g_2}{\partial x_1} = f_{12} \\ \qquad\vdots \\ -\frac{\partial g_3}{\partial x_4} + \frac{\partial g_4}{\partial x_3} = f_{34} \end{cases}$$

를 만족하는 네 개의 함수 $g_1, \ldots, g_4$를 찾는 문제가 바로 위의 단순해 보였던 방정식 (5.12)인 것이다. 이 방정식은 1계 편미분방정식이라는 점이 그나마 위안이겠지만 상당히 많은 미분방정식이 이 유형의 방정식으로 환원된다는 점과, 이 연립 미방이 미지함수에 비해 방정식이 더 많은, 소위 "지나친 체계 (overdetermind system)"임을 생각한다면 그것마저도 별 큰 위안이 되지 않는다.

어려운 건 어려운 것이고, 이 문제에 풀이가 존재하는지는 판별할 수 있겠는가? 푸는 방법이 있다면 상당히 많은 미분방정식이 이런 유형이 된다는 점이 오히려 장점으로 변하기 때문에 이 질문은 중요할 수 있다.

충분조건부터 조사해 보자. 만일 답이 존재한다면 $d\alpha = \beta$를 만족하는 α가 존재한다는 뜻이므로 조건 $d\beta = d(d\alpha) = 0$가 반드시 성립해야 한다. 뒤집어 (수학적으로는 대우명제로) 말하자면 $d\beta$의 모든 계수가 0이 되지 않으면 답이 존재할 수 없다는 말이므로 이 문제는 $\beta \in \ker d$가 성립하는 경우에만

생각하면 되고, 풀이의 존재 유무는 결국

> $d\beta = 0$ **조건을 만족하는** $\beta \in \Lambda^2(\mathbb{R}^4)$ **는 반드시** $d(\Lambda^1(\mathbb{R}^4))$ **의 원소이어야 한다.**

라는 명제가 성립한다는 사실과 같다. 따라서 만일

$$H^2_{\mathrm{DR}}(\mathbb{R}^4) = 0$$

가 성립한다면 위 문제의 답은 조건 $d\beta = 0$가 성립할 때 항상 존재한다는 사실을 알 수 있는 것이다.

이런 관찰을 일반화하기에 앞서 언제 2계 드람 코호몰로지군이 0이 되겠는지 생각해 보기로 하자. 이 명제만 들여다 가만히 보면 그 자체는 별 쓸모가 없다. 편미분방정식 문제를 다른 말로 바꾸어 놓은 것 뿐이기 때문이다.

그러나 드람 정리를 이 생각에 접목시키면 상황이 달라진다. 드람 코호몰로지군 $H^2_{\mathrm{DR}}(\mathbb{R}^4)$와 변형 코호몰로지군 (singular cohomology group) $H^2_{\mathrm{sing}}(\mathbb{R}^4)$가 동형 관계에 있는 한 편, 위상수학 이론에 따르면 $\mathbb{R}^4$는 한 점과 연속변형류 동형 (homotopy equivalence) 관계에 있고, 따라서 변형 코호몰로지 군이 자명군 0이 된다는 사실 때문에 드람 코호몰로지 군도 0이 된다는 결론을 얻는다. 그러므로 위 문제의 풀이가 항상 가능하다는 기대하지 못했던 결론을 얻게 되는 것이다.

이와 같이 해석학적인 문제가 코호몰로지군 사이의 동형과, 위상수학과 같은 다른 분야의 지식과 합해져서 풀이를 가지게 되는(!) 지식의 확장을 이루었다는 점에서 드람 정리의 위대한 점을 볼 수 있다.

이제 시작에 불과한 듯한 느낌을 받는 독자가 많을 것 같지만, 우리는 이 정도에서 드람 정리에 관한 소개를 접기로 한다.

5.5 연습문제 모음

문제 5.5.1 n차원 실 사영공간(real projective space)을 기호 $\mathbb{RP}^n$으로 표시하기로 하자. $\mathbb{RP}^n$이 방향성을 가지는 경우는 정확히 n이 홀수인 경우 뿐임을 증명하여라.

문제 5.5.2 드람 코호몰로지 벡터공간에 관한 아래의 문제에 답하여라.

(a) $p > 1$이고 $n \geq 1$이면 $H^p_{\mathrm{De\,R}}(\mathbb{R}^n) = 0$를 보여라.

(b) 연결되어 있는 임의의 다양체 M이 조건 $H^0_{\mathrm{De\,R}}(M) \cong \mathbb{R}$를 만족함을 보여라. (참고: 이 결과는 M의 방향성과 무관하게 성립한다.)

문제 5.5.3 $A = \{(x, y) \in \mathbb{R}^2 : 1 < \sqrt{x^2 + y^2} < 2\}$의 드람 코호몰로지군을 계산하여라. (드람 정리를 사용하지 않아도 계산이 가능하다!)

문제 5.5.4 닫힌(closed) 미분형식들의 쐐기곱은 닫힌 미분형식이 된다. 또한, 닫힌 미분형식과 완전(exact) 미분형식의 쐐기곱은 완전미분형식이다. 이들 명제를 모두 증명하여라.

문제 5.5.5 미분 1형식 $\alpha = (x^2 + 7y)dx + (-x + y \sin y^2)dy$가 $\mathbb{R}^2$ 위에 정의되어 있다. 평면 위에 여러 종류의 부분적으로 미분가능한 폐곡선 γ를 방향을 주어 설정하고 적분 $\int_\gamma \alpha$의 값을 계산하면 무엇을 얻는가?

문제 5.5.6 원점을 제거한 평면 $\mathbb{R}^2 \setminus \{0\}$ 위에 정의된 미분 1형식

$$\alpha = \frac{1}{2\pi}\frac{xdy - ydx}{x^2 + y^2}$$

는 닫힌 1형식이지만, 완전 1형식은 아님을 증명하여라.

문제 5.5.7 (a) 2차원 구 S^2 위의 임의의 닫힌 미분 1형식이 완전 미분형식임을 보여라.

(b) $\mathbb{R}^3 \setminus \{0\}$ 위에 정의된 미분 2형식

$$\sigma = \frac{x_1 dx_2 \wedge dx_3 + x_2 dx_3 \wedge dx_1 + x_3 dx_1 \wedge dx_2}{(x_1^2 + x_2^2 + x_3^2)^{\frac{3}{2}}}$$

가 닫힌 형식임을 보여라.

(c) 적분 $\int_{s^2} \sigma$ 의 값을 계산하여 보아라. 이 계산 결과가 σ 의 완전성(exactness) 여부에 어떤 결론을 주는가?

문제 5.5.8 둥근 고리 $S^1 \times S^1$ 과 구면 S^2 의 드람 코호몰로지를 비교해 보아라. 어떤 기하학적 또는 해석학적 성질들을 도출할 수 있는가?

문제 5.5.9 n차원 둥근 고리 $T^n = S^1 \times \ldots \times S^1$ (n개의 복제의 데카르트 곱으로 주어진 공간)과 n차원 구면 S^n 이 주어졌다.

(a) S^3 위에 조건 $\int_{S^3} \omega = 1$를 만족하는 미분 3 형식 ω가 있음을 보여라.

(b) 한 편, 임의의 매끄러운 함수 $f\colon T^2 \to S^3$ 에 대하여 $\int_{f(T^2)} \omega$의 값이 0이 됨을 보여라.

6

리군 이론의 기초

기하학 연구 방법론은 전통을 따라 두 부분으로 구성되어 있다. 첫 번째는 가장 근본적인 모형을 먼저 설정하고 이들을 먼저 이해하는 것이고, 두 번째는 일반적인 대상을 근본 모형과 비교하여 이해할 수 있는 방법론을 마련하는 것이다. 이와 같은 위대한 전통은 2300여년 전 유클리드에 의해 제시되었고, 지금까지 거의 대부분의 기하학 연구가 이 연구 방법론을 따른다.

그렇다면 근본 모형은 어떤 것들일까? 유클리드 기하학에서는 원과 직선이 가장 근본이 되는 모형이었고, 이로부터 만들어지는 대칭성이 많은 도형들이 기초를 이루었으며 나머지 평면도형은 이들을 기준으로 이해되었다. 현대의 첨단 컴퓨터도 그림을 그리는 프로그램을 만들 때 이런 방법론을 따른다.

대칭성은 사실 도형을 보존하는 강체운동(함수)에 의해 이해되며, 이들 대칭함수는 자연스럽게 대수학적 개념인 군(group)을 이루며, 그 연산인 역원(inverse)과 이항연산(binary operation)인 함수의 합성(composition)이 매끄럽다는 특징을 가진다. 이런 점에서 노르웨이 태생의 수학자 소푸스 리[1] 교수는 이와 같이 군이면서 동시에 미분다양체 구조를 가지는 리군(Lie group)을 연구하였고, 뒤를 이어 여러 위대한 연구자들에 의해 리군과 동질공간(homogeneous space)들이 현대 기하학의 근본

[1]Sophus Lie (1842–1899) 노르웨이.

모형으로 등장하게 되었다.

이런 점을 고려하여, 이 장에서는 리군의 기초적인 내용과 동질다양체에 대해 간략하게 소개하려고 한다.

6.1 리군과 위상군의 기본 정의와 예

정의 6.1.1 **리군** (Lie group) 이란, 잠정적으로 기호 G로 표시하는, 매끄러운 $\mathcal{C}^\infty$ 급 미분다양체로서 군의 연산, 즉 곱 $(g, h) \in G \times G \mapsto gh \in G$ 과 역 $a \mapsto a^{-1}$ 을 가지면서, 이 연산들이 각각 $\mathcal{C}^\infty$ 급인 것을 말한다.

리군의 두 연산이 매끄러운 함수일 조건을 한 번에 표현하는 방법으로 단순히

함수 $(\sigma, \tau) \in G \times G \mapsto \sigma \cdot \tau^{-1} \in G$ **가** $\mathcal{C}^\infty$ **급이다**

라고 쓰기도 한다. 이 조건이 정의의 조건과 같음을 확인하는 것은 쉽다. 연습문제로 두기로 하자.

이런 조건을 만족하는 대상은 상당히 많다. 예를 몇 개 들어 보기로 하자.

1. 유클리드 공간 $\mathbb{R}^n$ 과 $\mathbb{C}^n$ 은 덧셈에 관하여 리군이 된다.

2. 0이 아닌 실수들의 집합 $\mathbb{R}^\times$ 와 0이 아닌 복소수의 집합 $\mathbb{C}^\times$ 는 곱셈에 관하여 리 군이 된다. 전자는 연결되어 있지 않지만 후자는 연결되어 있다.

3. 단위원 $S^1 := \{z \in \mathbb{C}: |z| = 1\}$ 은 $\mathbb{C}^\times$ 의 부분군 (subgroup)으로서 리군을 이룬다. 물론 $S^0 = \{-1, 1\}$ 도 부분군이며 리군이다. 전자는 1차원, 후자는 0차원 부분군이다.

4. 두 개의 리군 G, H 가 주어졌으면, 성분끼리 곱하는 셈에 의해 데카르트 곱 $G \times H$ 도 리군이 된다. 따라서 n 차원 도넛 (torus) $T^n := S^1 \times \cdots \times S^1$ (S^1 을 n 번 데카르트 곱하여 얻는 공간) 도 물론 리군이 된다. 이 리군은 가환군 (commutative group, Abelian group) 이다.

5. 행렬식 (determinant) 의 값이 0이 아닌 $n \times n$ 행렬의 공간 $GL(n, \mathbb{R})$ (실수항으로 이루어진 경우) 또는 $GL(n, \mathbb{C})$ (복소수항으로 이루어진 경우) 등은 행렬의 곱셈과 역원에 의해 리군을 이룬다.

6. 방금 든 행렬군의 경우 부분군 중에도 리군을 이루는 대상이 많다. 위쪽 삼각행렬의 집합과 같이 리군을 이루는지 확인하기 비교적 쉬운 대상도 있고, 리 군인지 얼른 분간하기 어려운 대상들도 있다. 차차 더 이해하게 될 것이다.

7. 실수 직선 위에 작용하는 함수 $x \mapsto ax + b$ $(a \neq 0)$ 들을 모은 집합 $\mathbb{R}^\times \mathbb{R}$ 은 이들 함수들의 합성함수에 해당하는 연산, 즉

$$(a_1, b_1)(a_2, b_2) = (a_1 a_2, a_1 b_2 + b_1)$$

에 의해 리군을 이룬다. 일반적으로 $\mathbb{R}^n$ 위에 작용하는 1차함수

$$v \mapsto Av + w \quad (A \in GL(n, \mathbb{R}), w \in \mathbb{R}^n)$$

등이 이루는 리군 $GL(n, \mathbb{R}) \times \mathbb{R}^n$ 도 비슷한 방법으로 정의된다. 이건 직접 정의를 만들어 보도록 연습문제로 둔다.

이 시점에서 한 가지 의문이 들 수 있겠다. 우리에게 익숙한

공간들의 대부분이 리군 구조를 가질 수 있는 것일까? 1차원 구(sphere) 인 S^1 은 단위원으로서 리군이 되는 것을 이미 보았다. 그러면 **일반적으로 S^n 은 리군이 될 수 있을까?** 독자는 이 질문에 대답할 수 있겠는가? 완전한 답은 아니지만 부분적 대답 정도는, 필요한 지식을 조금 더 소개한 후, 이 장 후반부에 제공할 예정이다.

보충 6.1.1 (위상군, Topological group) 리군을 포함하는 보다 일반적인 개념으로 **위상군** (topological group) 개념이 있다. 위상군은 단순히 위상공간으로서 군을 이루는 두 연산 즉, 곱과 역원이 연속함수인 대상을 말한다. 물론 모든 리군은 위상군이다. 그러나 위상군의 범주가 훨씬 크다. 임의의 연속함수 $h\colon \mathbb{R} \to \mathbb{R}$에 의해 정의되는 평면 $\mathbb{R}^2$ 위의 함수

$$(x, y) \mapsto (x, y + h(x))$$

들을 다 모은 군만 하더라도 이것이 위상군이 되는 것은 쉽게 관찰되지만 이 대상이 리군의 구조를 가지는지는 얼른 증명할 수 없을 것이다.[2]

일반적인 위상군에 관한 연구는 미분다양체의 방법론으로 다룰 수 있는 범위를 벗어나므로 이 책에서는 구체적으로 다루지 않는다. 그러나 이 책에 실린 리군에 대한 정리 중 여럿이 위상군에서도 성립한다. 가끔은 확인해 보는 것이 도움이 될 수 있을 것 같다.

[2]함수 공간에 대한 일반적인 방법론을 따르면 이 위상군은 리군이 아니다.

미분다양체와 같은 대상에 대수적인 군의 구조가 주어지면 어떤 장점이 있을까? 군과 같은 대수학적인 대상은 '기저와 생성' 이라는 개념을 가지고 있어서 어떤 부분 집합의 원소들에서 출발하여 연산을 통해 보다 큰 부분군, 또는 군 자체를 모두 만들어 내는 특징이 있다. 이 점은 리군에서 어떤 효과를 낼 것인지 등등 조사하고 싶은 과제가 마음 속에 생긴다. 이런 관점에서 리군 G의 부분집합 V, W에 의해 생성되는 집합

$$VW = \{vw \colon v \in V, w \in W\}$$

와

$$V^{-1} = \{v^{-1} \colon v \in V\}$$

를 정의하고, 계속해서 아래 정리를 소개한다.

정리 6.1.1 리군 G가 연결되어 있다(connected)고 가정하자. 항등원 e를 포함하는 열린 근방 U를 임의로 선택하면 등식

$$G = \bigcup_{n=1}^{\infty} U^n$$

가 성립한다.

증명. 집합 U^{-1}도 항등원 e를 열린 부분집합이므로 $V = U \cap U^{-1}$으로 두면, V는 조건 $e \in V \subset U$를 만족하는 열린 부분집합이다. 이제

$$H = \bigcup_{n=1}^{\infty} V^n$$

라 두고 $G \subset H$를 보이면 증명이 완결된다. 우선 정의에 의해 H가 G의 부분군(subgroup)이 되는 것은 자명하다. 또한 V^n 각각이 열린 부분집합이므로 H도 열린 부분집합이다. 만일 $H \neq G$라면,

$$G = \bigcup_{g \in G} gH = H \cup \bigcup_{y \in G \backslash H} yH$$

가 성립하게 된다. 한편, 임의의 $y \in G \backslash H$에 대하여 $H \cap yH = \emptyset$가 성립하고 각각의 yH가 G의 열린 부분집합이므로 결론적으로 $H = G \setminus \bigcup_{y \in G \backslash H} yH$가 성립하고 H는 G의 닫힌 부분집합이다. $e \in H$이므로 H는 공집합이 아니다. G가 연결된 공간이므로 결론적으로 $G = H$가 성립해야 하고, 이것으로 증명이 완결되었다. □

이 정리를 말로 되풀이하자면, "임의의 연결된 리군은 항등원의 임의의 열린 근방에 의해 생성된다."가 되겠는데, 방금 구성한 증명에서 G가 미분다양체라는 성질은 쓰이지 않았다는 점이 명백하다. 따라서 위상군의 경우에도 같은 정리가 성립한다는 것을 알 수 있다.

리 부분군(Lie subgroup) 개념을 소개하는 것이 자연스러운 시점이 되었다.

정의 6.1.2 (리 부분군) G, H가 각각 리군이고, 매끄러운 단사 넣음함수 (injective immersion) $f\colon H \to G$가 존재하며 군의 준동형 (homomorphism)이면, (H, f)를 **리 부분군** (Lie subgroup)이라고 부른다.

리 부분군 이론에서는 닫힌 부분군 개념이 중요하므로 이를 따로 소개한다.

정의 6.1.3 (H, f)가 리군 G의 부분군인 경우, 만일 $f(H)$가 G의 닫힌 부분집합이면 (H, f)를 G의 **닫힌 리 부분군** (closed Lie subroup)이라 부른다.

그렇다면, 리군의 대수적인 의미의 부분군 (이를 보통 추상 부분군, 영어로는 abstract subgroup이라고 부른다.)이 주어졌다면, "그것이 언제 리 부분군이 되겠는가?" 라는 질문이 자연스럽게 떠오르게 된다. 보다 정확하게는 아래와 같이 서술할 수 있다.

질문 6.1.1 리군 G와 대수적인 의미의 군 K와 1-1이며 군 준동형인 함수 $h: K \to G$가 주어졌다면, K를 리군으로 만드는 다양체 구조가 대수적인 의미의 군의 연산과 어울리게 존재하고, 동시에 1-1 넣음함수이며 군 준동형인 함수 $\psi: K \to G$가 존재하겠는가?

이 질문에 대한 대답을 포함한 여러가지 목적을 위해 리 대수 개념이 중요한 역할을 한다. 다음 마디에서 공부해 보도록 하자.

6.2 리 대수

일반적인 리 대수의 (추상적) 정의는 아래와 같다.

정의 6.2.1 실수체 (the field of real numbers) $\mathbb{R}$ 위에 정의된 벡터공간 $\mathfrak{g}$에, 벡터공간의 기본연산인 덧셈과 스칼라곱 외에 또 이중선형 작용소 (bilinear operator) $[\ ,\ ] : \mathfrak{g} \times \mathfrak{g} \to \mathfrak{g}$가 있어서 두 조건

(1) $[x, y] = -[y, x]$.

(2) $[[x, y], z] + [[y, z], x] + [[z, x], y] = 0$.

이 임의의 $x, y, z \in \mathfrak{g}$에 의해 만족되는 경우에는 $\mathfrak{g}$를 **리 대수** (Lie algebra) 라고 부른다.

이와 나란히 복소수체 위에서도 같은 정의를 할 수 있는데, 그 경우에는 보통 **복소 리 대수** (complex Lie algebra) 라는 명칭을 사용한다.

리 대수의 부분집합이 같은 연산에 의해 리 대수를 이루면 이를 **리 부분대수** (Lie subalgebra) 라고 부른다.

리 대수가 어떤 의미로 리군과 짝을 이루는지는 곧 탐구하게 되겠지만, 그에 앞서 리 대수의 예를 몇 개 들어 보기로 하자.

1. $\mathcal{C}^\infty$ 급 다양체 위에 정의된 매끄러운 벡터장 전체의 집합은 물론 리 괄호에 의해 리 대수를 이룬다. 참고로 이렇게 주어진 리 대수는 무한차원 $\mathbb{R}$-벡터 공간이다.

2. 임의의 벡터공간에 리 괄호 (리 대수의 이중선형 작용소 $[\ ,\ ]$를 리 괄호라고 부르는 것이 보통이므로, 우리도 그렇게

따른다) 의 값이 모두 0벡터가 되도록 정의하면 물론 리 대수가 만들어진다. 약간 어리석어 보일 수도 있겠으나 사실은 의미가 있는 이런 리 대수를 **가환 리 대수** (abelian Lie algebra) 라고 부른다.

3. 원소가 모두 실수인 $n \times n$ 행렬들이 이루는 공간을 $\mathfrak{gl}(n, \mathbb{R})$ 로 표시하고 이 공간의 원소 A, B 에 대해 리 괄호를

$$[A, B] = AB - BA$$

로 정의하면 이 공간은 물론 리 대수를 이룬다. 같은 방법으로 복소 리 대수 $\mathfrak{gl}(n, \mathbb{C})$ 도 정의된다.

이 공간에는 원래 행렬의 곱셈 $(A, B) \mapsto AB$ 이 있었고, 이것은 결합법칙을 만족하는 연산이다. 주의 깊이 조사해 보면 방금 소개한 리 괄호가 리대수의 정의에 명시된 조건 (2) 를 만족하는 이유가 행렬의 곱셈이 결합법칙을 만족하기 때문임을 알 수 있는데, 그러므로 임의의 결합 대수에는 위의 방법으로 리 괄호를 정의할 수 있어서 곧 리대수 구조를 자연스럽게 가진다는 것을 알 수 있다. 이런 리대수를 **결합 리대수** (associative Lie algebra) 라고 부르는 것이 보통인데, 리 괄호는 어차피 대부분 결합법칙을 만족하지 않기 때문에 "결합 리대수" 라는 용어가 리 괄호가 결합법칙을 만족한다는 뜻이라고 오해되지는 않으리라 믿으며, 따라서 널리 통용되는 용어로서 크게 문제될 것이 없으리라고 생각한다.

6.3 리군에 대응되는 리대수

이제 리군의 짝으로 등장하는 중요한 개념인 리대수를 소개할 시점이 되었다.

n차원 $\mathcal{C}^\infty$급 다양체인 리군 G가 주어졌다고 하자. 그러면 임의의 점 $a \in G$에 대하여 함수

$$\ell_a \colon G \to G \quad \text{와} \quad r_a \colon G \to G$$

가 $\forall x \in G$에 대해 성립하는 관계식 $\ell_a(x) = ax$, $r_a(x) = xa$로 각각 정의된다. ℓ_a는 **왼곱** (left-multiplication), r_a는 **오른곱** (right-multiplication) 이라고 부르기로 한다.

이제 특별한 벡터장을 소개한다.

정의 6.3.1 리군 G 위에 정의된 매끄러운 벡터장 X가 조건

$$d\ell_x(X_y) = X_{\ell_x(y)}$$

를 모든 $x, y \in G$에 대해 만족하면, 이 벡터장 X를 **왼불변** (left-invariant)이라고 부른다. 같은 방법으로 오른곱에 의해 정의되는 비슷한 조건 $dr_x(X_y) = X_{r_x(y)}$를 만족하는 벡터장을 **오른불변 벡터장** (right-invariant vector field)이라 부른다.

이런 불변벡터장은 많이 있을까? 다음 정리가 답이 된다.

정리 6.3.1 리군 G의 항등원(the unit element)을 기호 e로 쓰기로 하자. 그런 다음 접공간 T_eG를 생각하고, 임의의 $v \in T_eG$

를 선택한 다음 대응관계

$$X^v : a \mapsto d\ell_a(v) : G \to T_aG$$

를 생각하기로 하면, 이 대응관계는 C^∞ 급 왼불변벡터장을 정의한다.

또한 역으로, 임의의 왼불변벡터장 X는 등식 $X = X^{X_e}$ 를 만족한다.

이 정리의 증명은 평이하므로 독자를 위한 연습문제로 두고, 우리는 이 정리를 바탕으로 주어진 리군의 리대수 개념을 정의한다.

정의 6.3.2 리군 G 의 왼불변 벡터장이 이루는 집합을 **리군 G의 리대수** (the Lie algebra of the Lie group G) 라 부르고, 기호 $\mathfrak{g}$ 로 표시한다.[3]

리군과 리 대수는 아주 밀접한 관계를 가진다. 차차 더 깊은 이해를 해 보겠지만 우선은 아래 관계가 바로 관찰된다.

정리 6.3.2 리군들 사이의 리 준동형 (매끄러운 준동형) $f : G \to H$가 주어졌으면 이의 미분 $df : \mathfrak{g} \to \mathfrak{h}$은 대응되는 리 대수 사이의 리 대수 준동형이 된다.

---

[3]여기에 소개하는 리대수 기호는 리군을 표시하는 로마식 대문자 알파베트에 대응하는 독일식 깃털펜글씨체 (germanic calligraphy)이다. 이제는 전통이 되어 쓰는 이가 워낙 많으므로, 우리도 이를 따르지 않을 수 없다.

왼불변 벡터장의 존재는 리군의 접다발을 제한한다. 다음을 관찰해 보자.

정리 6.3.3 리군의 접다발은 항상 자명 (trivial) 하다.

증명. G를 n차원 리군이라 하고, 항등원 e에서의 접공간 T_eG의 기저를 $v_1, \ldots, v_n$이라 하고, 각각의 벡터로부터 만들어지는 왼불변 벡터장 $X_1, \ldots, X_n$ 들을 생각해 보자. 그렇다면 임의의 점 $\sigma \in G$에 대하여

$$X_k(\sigma) = d\ell_\sigma(v_k), \forall k = 1, 2, \ldots, n$$

이 성립하며, $\ell_\sigma : G \to G$가 미분동형이므로

$$T_\sigma G = \mathrm{Span}_{\mathbb{R}}\{X_1(\sigma), \ldots, X_n(\sigma)\}$$

가 성립한다. 따라서 임의의 $\xi \in TG$가 주어지면 $\xi \in T_\tau G$가 성립하는 $\tau \in G$ 가 유일하게 결정되며 동시에

$$\xi = r_1 X_1(\tau) + \ldots + r_n X_n(\tau)$$

를 만족하는 원소 $(r_1, \ldots, r_n) \in \mathbb{R}^n$ 이 유일하게 결정된다. 따라서 이 과정을 $f(\xi) = (\tau; r_1, \ldots, r_n)$ 으로 표시하면 함수

$$f : TG \to G \times \mathbb{R}^n$$

가 구성될 뿐만 아니라, 이 함수가 다발 사이의 동형이 됨을 쉽게 확인할 수 있고, 이로써 증명이 완성되었다. □

보충 6.3.1 이 시점에서 소위 **보통 벡터장** (generic vector field) 이라는 개념을 생각하는 것이 적절할 것 같다. 다양체 위의 벡터장 중에 0점이 아예 없거나, 있더라도 0점들이 모두 고립되어 (isolated) 있고, 단순근(simple zero) 만으로 이루어진 것이 소위 "보통 벡터장"인데, 미분위상수학 (Differential topology) 이론에 따르면, 일반 벡터장의 단순근마다 **지표** (index)라는 개념을 정의할 수 있는데, 특히 다양체가 콤팩트인 경우에는, 이 지표의 총합이 다양체의 **오일러 지수** (Euler characteristic) 와 같다. 자세한 정의와 이론을 모르더라도, 이 미분위상수학의 정리에 따르면 오일러 지수 가 0이 아닌 다양체에는 0점이 아예 없는 벡터장이란 존재할 수 없다는 결론을 얻을 수 있다.

그런데 조금만 생각해 보면, 왼불변 벡터장은 한 점에서 0 벡터가 되지 않기만 하면 아무 점에서도 0벡터가 되지 않는다는 것을 알 수 쉽게 확인할 수 있다.

이로부터 임의의 짝수 차원 구의 오일러 지수가 2라는 알려진 사실을 이용하면 "**짝수차원 구는 절대로 리군 구조를 가질 수 없다.**" 라는 약간 놀라운(?) 결론을 얻는다.

추론을 맺고 나니, 임의의 홀수차원 구의 오일러 지수가 0 이라는 점이 또다른 질문을 떠오르게 한다. 임의의 홀수차원 구는 리군 구조를 가질 수 있을까? 독자의 생각은 어떤가?

6.4 지수함수

리군 G와 대응되는 리대수 $\mathfrak{g}$가 주어졌다고 하자. 임의의 원소 $X \in \mathfrak{g}$는, 왼불변 성질 때문에 자동적으로 완비 벡터장이 된다. (연습문제: 이 사실을 증명하여라.)

이제 상미분방정식의 초기값 문제

$$\begin{cases} d\gamma_X|_t\left(\frac{d}{dt}\right) = X_{\gamma(t)}, \\ \gamma_X(0) = e \end{cases} \tag{6.1}$$

가 국소적으로는 풀이 곡선 $\gamma_X : \mathbb{R} \to G$를 정확히 하나 가진다는 점을 이용하여, 함수 $\exp : \mathfrak{g} \to G$를

$$\exp(X) = \gamma_X(1)$$

로 정의하기로 하자. 이 함수 $\exp : \mathfrak{g} \to G$가 리군/리대수 이론에 등장하는 그 유명한 **지수함수** (exponential map) 이다.

방금 사용한 상미분방정식의 초기치 문제에 관한 피카드 정리를 이용하면 아래 정리를 쉽게 얻는다.

정리 6.4.1 임의의 실수 t, s와 벡터장 $X \in \mathfrak{g}$에 대하여 아래 성질이 성립한다.

(i) $\gamma_X(0) = e,\ \gamma'_X(0) = X.$

(ii) $\gamma_{tX}(s) = \gamma_X(ts).$

(iii) $\gamma_X(s+t) = \gamma_X(s)\gamma_X(t).$

이 성질들만 보아도 "지수함수"라는 이름이 붙은 이유를 짐작할 수 있겠으나 이후의 이론 전개를 보면 이름에 대한 정당성을 더욱 확신할 수 있을 것이다. 또한, 위 조건을 만족하는 $\mathcal{C}^1$급 곡선은 방정식 (6.1)도 만족하는 것도 쉽게 확인할 수 있다. 따라서 위의 세 성질이 지수함수를 정의한다는 사실도 알 수 있게 되었다.

계속해서 다음 정리를 소개한다.

정리 6.4.2 리군 G와 그의 리대수 $\mathfrak{g}$의 지수함수 $\exp\colon \mathfrak{g} \to G$는 아래 성질을 만족한다.

(i) **곡선 $\beta(t) := \ell_\sigma \circ \exp_X(t)$는 왼불변 벡터장 $X \in \mathfrak{g}$의, 조건 $\beta(0) = \sigma$를 만족하는, 유일한 적분곡선이다. 따라서 모든 왼불변 벡터장은 완비벡터장이다.**

(ii) **임의의 $X \in \mathfrak{g}$는 그 흐름함수 Φ_t^X가 등식**

$$\Phi_t^X = r_{\exp_X(t)}$$

를 만족한다. (이 정리에서 ℓ_σ와 r_σ는 각각 리군 G의 왼곱, 오른곱 함수를 표시한다.)

한 동안 눌러 두었던 질문을 이제 해 보자. **등식 $\exp(\mathfrak{g}) = G$가 성립할 것인가?** 만일 G가 연결되어 있지 않다면 이 등식은 물론 성립할 수 없으니 그 질문은 G가 연결되어 있는 경우로 국한해서 해야 하겠다. 좋다. 그럼 질문을 다시 정비하여 여기 적시한다.

질문 6.4.1 G가 연결된 리군이고 그 리 대수를 $\mathfrak{g}$라 표시하자. 그러면 $\exp \mathfrak{g} = G$가 성립하겠는가?

이 질문에 대한 대답은 주의를 필요로 한다. 일단 리 대수 $\mathfrak{g}$ 안에 있는 원점인 영벡터 0에 대하여 $d\exp|_0$가 자명함수 (the identity map)가 된다는 것을 정의로부터 도출하는 것이 어렵지 않기 때문에[4] 역함수 정리를 적용하면 최소한 국소적으로는 위 질문에 긍정적으로 답할 수 있다.

하지만 대역적(global) 대답까지는 아직 멀다. 왼불변 벡터장 X, Y가 주어졌다면, 등식 $(\exp X)^{-1} = \exp(-X)$는 쉽게 확인되지만 식 $\exp X \exp Y = \exp Z(X, Y)$를 만족하는 함수 $Z\colon \mathfrak{g} \times \mathfrak{g} \to \mathfrak{g}$를 리 대수의 연산을 통해 얻어낼 수 있는 방법이 쉽게 보이지 않기 때문이다.

이 시점에서 방금 얘기한 부분이 의미심장하며 중요한 문제임을 독자들이 느끼기 시작했을 것 같다. 그렇다. 이 질문은 많은 유수 학자들이 연구했으며 훌륭한 대답이 주어졌다. 방금 국소적으로 정의한 함수 $Z(X, Y)$에 관한 정리이며 리군 이론의 토대를 이루는 기본정리 중 하나인 아래 정리를 소개한다.

정리 6.4.3 (베이커-캠벨-하우스돌프 공식) 임의의 $X, Y \in \mathfrak{g}$에 대하여, 리 대수 $\mathfrak{g}$ 위에 다항식 $C_n(X, Y)$가 n의 양의 정수값

[4] 초기치 $X \in \mathfrak{g} = T_eG$에 $\exp(X)$를 대응시키는 함수 exp를 미분하는 방법은 $\left.\frac{d}{dt}\right|_0 \exp(tX)$를 생각하는 것인데, 이 값이 X라는 사실로부터 얻어진다. 물론 피카드 정리 (사실은 후에 강화된 버전)의 결과로 미분방정식의 해가 초기치에 매끄럽게 의존한다는 사실이 보다 더 근본적이다.

에 대하여 항상 존재하고 형식적으로

$$Z(X,Y)=\sum_{n=1}^{\infty}C_n(X,Y)$$

로 표시할 수 있다. 또한 각각의 다항식 C_n은 점화식으로 주어지며 $C_1(X,Y)=X+Y$이고, 위의 형식합은 $\mathfrak{g}$의 원점을 포함하는 적절한 근방 V가 주어지면 $V\times V$ 위에서 고르게(uniformly) 수렴한다.

이 정리의 증명은 그리 간단하지 않으나

$$C_1(X,Y)=X+Y,\quad C_2(X,Y)=\frac{1}{2}[X,Y],$$
$$C_3=\frac{1}{12}\Big([[X,Y],Y]-[[X,Y],X]\Big)$$

등을 비롯하여 점화식도 알려져 있다.[5] 각각 n이하이며, 물론 리 괄호가 곱셈의 역할을 하고 있다. 위의 식에서 관찰해 보면 $\deg C_1=1,\ \deg C_2\le 2,\ \deg C_3\le 3$ 등이 바로 보인다. 이런 다항식을 **리 다항식** (Lie polynomial)이라고 부른다.

이제 지수함수와 리군의 준동형 및 이들의 미분에 대한 아래의 유용한 정리를 소개한다.

정리 6.4.4 리군의 준동형 함수 $\varphi\colon H\to G$**와 그 미분** $d\varphi\colon\mathfrak{h}\to$

---

[5]보다 상세한 내용은 V. S. Varadarajan (1974, 1984), Lie groups, Lie algebras, and their representations, Springer, Graduate Texts in Math.를 참조하기 바란다. 참고로 이 정리의 "간단한" 증명은 M. Eichler (1968), J. Math. Soc. Japan에 실려 있다.

$\mathfrak{g}$ 및 지수함수에 대하여, 아래 표

$$\begin{array}{ccc} H & \xrightarrow{\varphi} & G \\ {\scriptstyle \exp}\uparrow & & \uparrow{\scriptstyle \exp} \\ \mathfrak{h} & \xrightarrow{d\varphi} & \mathfrak{g} \end{array}$$

의 가환성 (communtivity) 이, 즉 등식 $\varphi \circ \exp = \exp \circ\, d\varphi$가 성립한다.

증명. $X \in \mathfrak{h}$가 주어졌다고 하자. 그러면

$$f(t) := \varphi(\exp(tX))$$

로 정의되는 함수 $f\colon \mathbb{R} \to G$는 $f(s+t) = f(s)f(t), f(-t) = f(t)^{-1}$를 만족하는 매끄러운 함수이며, 리군의 준동형이다. 또한

$$g(t) := \exp(d\varphi(tX)) = \exp(t\, d\varphi(X))$$

역시 매끄러운 리군 준동형 $g\colon \mathbb{R} \to G$를 정의한다.

이제 두 함수는 초기치 $d\varphi(X)_e$를 가지며 지수함수를 정의하는 같은 상미분방정식을 만족하는 풀이도 되기 때문에 피카드 정리에 의해 등식 $f(t) = g(t)$이 모든 t 값에 대하여 성립하게 된다. 이제 $t = 1$로 두면 증명이 완결된다. □

6.5 피복함수와 단순연결 리군, 리군 이론의 기본정리

위상수학의 피복공간 (covering space) 개념은, 처음 주어진 다양체의 여러 기하학적 성질을 보존하고 있으면서도 구조를 단순화하는 의미가 있어서, 연구 대상이 되는 공간을 표준화하는 (uniformize) 역할을 하는 경우가 많다. 리군 연구에도 피복공간의 역할이 중요하다. 피복공간의 정의에서 출발해 보자.

정의 6.5.1 위상공간 사이에 정의된 연속함수 $\pi: X \to Y$가 전사(surjective) 함수이고, 임의의 점 $y \in Y$에 대하여 열린근방 V가 존재하되, $\pi^{-1}(V) = \bigcup_\nu U_\nu$가 서로 공통부분이 없는 열린집합 U_ν 들에 의해 주어지면서 각각의 ν에 대해 $\pi|_{U_\nu}: U_\nu \to V$가 위상동형이 되게 할 수 있으면, 함수 π를 **피복함수** (covering map), 또는 **피복투영** (covering projection) 이라 부르고, X는 Y의 **피복공간** (covering space), 그리고 위와 같은 V는 **고르게 덮이는 근방** (evenly covered neighborhood)이라 부른다.

리군은 미분다양체이므로 임의의 점이 국소적으로 단순연결 근방을 가지며, 따라서 연결 리군은 단순연결 피복공간을 가진다.[6]

이제 G가 연결 리군이라 하고, 단순연결 위상공간 $\tilde{G}$와 피복함수 $\pi: \tilde{G} \to G$가 주어졌다고 하자. 그러면 자연스럽게 π가 국소적으로 미분동형이 되게 하는 C^∞ 급 미분구조가 $\tilde{G}$에 주어진다.

---

[6]이것은 대수적 위상수학의 정리이다. E. Spanier (1981) Algebraic topology (Corrected reprint by Springer.)를 참조하기 바란다.

그렇다면, π가 준동형이 되게 하는 리군 구조를 $\tilde{G}$ 에 부여할 수 있을까? 지금부터 밝혀 보기로 하자.

함수 $\alpha\colon \tilde{G}\times\tilde{G} \to G$를 $\alpha(\tilde{\sigma},\tilde{\tau}) = \pi(\tilde{\sigma})\pi(\tilde{\tau})^{-1}$ 로 정의하자. 이 함수는 G가 리군이기 때문에 $\mathcal{C}^\infty$ 급이다. $\pi^{-1}(e)$ 의 원소를 하나 골라서 $\tilde{e}$ 라고 표기하기로 하면, $\tilde{G}\times\tilde{G}$ 가 단순연결 공간이기 때문에 조건 $\pi\circ\tilde{\alpha} = \alpha$와 $\tilde{\alpha}(\tilde{e},\tilde{e}) = \tilde{e}$를 만족하는 연속함수 $\tilde{\alpha}\colon \tilde{G}\times\tilde{G} \to \tilde{G}$가 정확히 하나 존재한다.[7]

이제 임의의 원소 $\tilde{\sigma},\tilde{\tau} \in \tilde{G}$에 대하여

$$\tilde{\tau}^{-1} = \tilde{\alpha}(\tilde{e},\tilde{\tau}), \quad \tilde{\sigma}\tilde{\tau} = \tilde{\alpha}(\tilde{\sigma},\tilde{\tau}^{-1}))$$

로 정의하면 올림함수의 유일성정리 (Unique lifting theorem) 에 의해서 단순연결 피복공간 $\tilde{G}$에 군 구조가 (group structure) 정의되고, 이를 통해 $\tilde{G}$가 리군이 되는 것과, 피복함수 $\pi\colon \tilde{G} \to G$가 리군 준동형 (Lie group homomorphism) 이 되는 것 등을 모두 어렵지 않게 확인할 수 있다.

이제까지 토론한 바를 요약하여 아래 정리를 얻는다.

정리 6.5.1 임의의 연결 리군 G는 단순연결 피복공간을 가진다. 이를 피복함수와 함께 $\pi\colon \tilde{G} \to G$로 표시하기로 하자. 그러면 이 피복함수가 리군 준동형이 되게 하는 리군 구조가 $\tilde{G}$에 존재한다.

[7]이 명제는 위상수학의 올림정리 (lifting theorem) 의 결과이다. 이런 $\tilde{\alpha}$를 α의 "올림함수 (lifting)" 라고 부른다.

참고로, 올림함수의 유일성 등에 의해 단순연결 피복리군 $\tilde{G}$에 위와 같이 피복함수가 리군 준동형이 되도록 하는 리군 구조는 본질적으로 하나밖에 없다.

보다 일반적으로는, 아래 정리가 성립한다.

정리 6.5.2 (리군 이론의 기본정리) G, H가 각각 연결 리군이라 하고 $\psi\colon G \to H$가 리군 준동형이라 하자. 그렇다면 아래 두 명제는 논리적으로 서로 동치관계에 있다.

(i) ψ **는 피복함수이다.**

(ii) $d\psi_e\colon T_eG \to T_eH$ **가 선형동형이다.**

증명. 피복함수는 국소적으로 미분동형이므로 그 미분은 당연히 선형동형이다. 따라서 $(i) \Rightarrow (ii)$가 증명되었다.

역으로 $d\psi_e$가 선형동형이라 가정하자. 음함수 정리에 의하여 ψ는 우선 원점 근방에서 국소 미분동형인데, ψ가 리군의 준동형이므로 G의 임의의 점 근방에서도 국소미분동형이 된다. 또한 정리 6.1.1에 의해 $\psi(G) = H$를 얻는다. 따라서 마지막으로 보여야 할 것은 H의 임의의 점이 고르게 덮이는 근방(evenly covered neighborhood)을 가진다는 성질이다.

이제 $K = \psi^{-1}(e_H)$라고 두면 K는 G의 정규부분군(normal subgroup)이다. ψ가 모든 점에서 국소적으로 미분동형이므로 K가 이산(discrete) 부분군이라는 것도 자명하다. 즉, 임의의 $k \in K$에 조건 $V \cap K = \{k\}$를 만족하는 열린 근방 V가 존재하게 되는 것이다. 특히 $k = e$로 두고, $\psi|_V\colon V \to \psi(V)$가 미분동형이 되게 V를 선택한 다음, 필요하다면 V를 $V \cap V^{-1}$로

교체하여 조건 $V = V^{-1}$를 만족하게까지 할 수 있다. 그러므로

$$\psi^{-1}(\psi(V)) = \bigcup_{k\in K} Vk$$

가 성립하게 되는데, 원소 $k, k' \in K$들이 서로 다르면 $Vk \cap Vk' = \emptyset$이 성립하고 $\psi|_{Vk}\colon Vk \to \psi(Vk) = \psi(V)$가 임의의 $k \in K$에 대해 미분동형이 되는 것도 쉽게 증명할 수 있다. 따라서 $\psi(V)$가 e의 고르게 덮이는 근방이다. 끝으로 임의의 $h \in H$에 대하여 $g \in \psi^{-1}(h)$를 하나 선택하면 $\psi(gV)$가 h를 고르게 덮는 근방이 된다. 따라서 ψ가 피복함수임이 증명되어 $(ii) \Rightarrow (i)$가 증명되었다. □

보충 6.5.1 이 정리는 리군의 국소 구조가 리 대수에 의해 완전히 결정된다는 것을 말하고 있다. 이것이 소푸스 리 교수의 "리군 이론의 기본정리"이다.

계속해서 아래 정리를 소개한다.

정리 6.5.3 G, H**가 리군이고,** $\mathfrak{g}, \mathfrak{h}$**는 각각 이들의 리 대수라고 하자. 만일** G**가 단순연결 리군이고,** $h\colon \mathfrak{g} \to \mathfrak{h}$**가 리 대수 준동형이면, 조건** $d\varphi = h$**를 만족하는 리군 준동형** $\varphi\colon G \to H$**가 정확히 하나 존재한다.**

증명. H의 왼불변 미분 1형식들이 이루는 공간의 기저를 $(\omega_i)_i$로 두고 h^*를 h의 딸림 함수 (adjoint map)이라 두자. 그런 다음 당연한 투영함수

$$\pi_1\colon G \times H \to G, \quad \pi_2\colon G \times H \to H$$

를 생각하고 동시에 미분형식

$$\pi_1^* h^* \omega_i - \pi_2^* \omega_i$$

들을 생각하면 이들은 왼불변 미분형식이며, 이들이 생성하는 그라스만 이데알을 $\mathcal{I}$라 하면 이는 당연히 미분이데알이 된다. (왜 그런지 생각해 보아라.) 이제 여기에 프로베니우스 정리를 적용하되 점 (e, e)를 통과하는 최대 적분다양체를 (K라 두자.) 생각하면 이 다양체는 $G \times H$의 리 부분군이면서 차원은 G와 같게 된다. (사실은 당연하지만, 이를 확인하는 것도 연습문제로 둔다.) 이제 정리 6.5.2를 여기에 적용하면 함수 $\pi_1|_K : K \to G$는 리군 준동형이며 피복함수인데 G가 단순연결되어 있다는 가정 때문에 이 함수는 리군 동형이 된다. 이제 함수 $\varphi := \pi_2 \circ (\pi_1|_K)^{-1} : G \to H$를 생각하면 이는 리군 준동형이며, 조건 $\varphi^* \omega_i = h^* \omega_i$, $\forall i$를 만족한다. 이제 딸림함수(djoint map)를 취하면 $d\varphi = h$가 만족되어 원하던 존재성이 증명되었다.

유일성은 정리 6.5.2에서 이미 증명되었으므로 이로써 증명이 모두 완결되었다. □

따름정리 6.5.4 서로 동형 관계에 있는 리 대수를 가지는 단순연결 리군은 서로 동형이다.[8]

보충 6.5.2 위의 추론만으로는, 임의의 리 대수가 주어지면 그에 상응하는 단순연결 리군이 존재하는지 여부를 바로 결론지을 수가 없다. 독자 스스로 확인해 보라. 이를 확인하려면, "**임의의**

[8]이 명제를 리군 이론의 기본정리라고 부르는 경우도 많다.

유한차원) 리대수가 적절한 양의 정수 n에 대하여 $\mathfrak{gl}(n, \mathbb{R})$의 부분 리 대수와 동형이다." 라는 유명한 결과가 있으므로[9] 이 정리를 이용하면, 임의의 리 대수에 대응되는 단순연결 리군이 존재함을 증명할 수 있다. 리군 이론의 또 다른 기본 정리이다.

[9] Ado의 정리이다. N. Jacobsen (1979) Lie algebra (Dover reprint; 원전은 1962 출판.)에 수록되어 있다.

6.6 추상 부분군과 리 부분군, 그리고 리 부분대수

이제 리 이론 (Lie theory)의 기본 정리를 또 하나 소개한다.

정리 6.6.1 G**가 리군이고** $\mathfrak{g}$**가 대응되는 리 대수이며,** $\tilde{\mathfrak{h}}$**가** $\mathfrak{g}$**의 리 부분대수이면, 조건** $d\varphi(\mathfrak{h}) = \tilde{\mathfrak{h}}$**를 만족하는 대응되는 리 대수** $\mathfrak{h}$**를 가지는 연결 리 부분군** $\varphi\colon H \to G$**가 정확히 하나 존재한다.**

증명. 리 부분대수 $\tilde{\mathfrak{h}}$는 자연스럽게 자생성을 가지는 벡터장의 분포를 이룬다. 따라서 프로베니우스 정리에 의해 항등원 e를 포함하는 최대 적분다양체를 만들어 낸다. 이 적분다양체를 H라 두기로 하자.

방금 사용한 분포는 왼불변 벡터장으로 이루어져 있음에 주목하자. 함수 $\ell_\sigma(\tau) = \sigma\tau$를 생각하면, 임의의 $\sigma \in G$에 대하여 $d\ell_\sigma(\tilde{\mathfrak{h}}) = \tilde{\mathfrak{h}}$가 성립하기 때문에 $\ell_{\sigma^{-1}}(H)$ 역시 $\tilde{\mathfrak{h}}$의 적분다양체가 된다. 그러므로 만일 $\sigma \in H$가 성립하는 경우에는 $e = \ell_{\sigma^{-1}}(\sigma) \in \ell_{\sigma^{-1}}(H)$가 성립하기 때문에 $\ell_{\sigma^{-1}}(H) \subset H$가 성립해야 하고, 이로부터 H가 G의 부분군이 됨을 알 수 있다.

이제 H가 리 부분군임을 증명해 보자. 이를 위해서는 식 $a(\sigma,\tau) = \sigma^{-1}\tau$로 정의된 함수 $a\colon H \times H \to H$가 매끄러운 함수임을 보이면 된다. 자명함수 (inclusion map) $i\colon H \hookrightarrow G$에 대하여 $i \circ a\colon H \times H \to G$는 당연히 매끄러운 함수인데, 동시에 H가 국소적으로는 언제나 단면 (slice)이어서 자명함수 i가 국소적으로는 항상 투영함수가 매끄러운 왼쪽 역함수 (left inverse) 역할을 하게 된다. 따라서 함수 a도 매끄럽다는 결론을 얻는다.

마지막으로 보일 것은 유일성이다. 이는 지수함수를 사용하면 쉽게 보일 수 있다. 일단 H와 K가 정리에 서술된 바와 같이, 같은 리 대수를 가질 조건을 만족하면 두 부분 리 대수의 원점의 근방이 서로 같게 된다. 이들 부분군이 연결 부분군이면 정리 6.1.1에 의해 두 부분군이 일치해야 한다.[10] 보다 자세한 증명을 구성하는 것은 독자를 위한 연습문제로 남긴다. □

따름정리 6.6.2 연결 리군 G의 연결 리 부분군의 모임과 G의 리 대수 $\mathfrak{g}$의 리 부분대수들 사이에 일대 일 대응관계가 포함관계를 보존하며 존재한다.

아래 정리들 또한 리군 이론에서 아주 중요한 정리이다. 자세한 증명을 소개하지는 않고 참고 문헌만을 남긴다.

정리 6.6.3 리군 G의 부분집합 $\varphi\colon A \to G$가 대수적인 부분군이며, 동시에 매끄러운 부분다양체가 되게 하는 적절한 위상 (topology)을 가지면, 함수 $\varphi\colon A \to G$에 대하여 (A, φ)가 G의 리 부분군이 되고, 이 명제가 성립하게 하는 A의 위상이 정확히 하나만 있게 된다.

정리 6.6.4 연결 리군 G의 부분군 (H, ψ)이 주어졌다고 하면, 아래 두 명제는 논리적으로 동치이다.

(1) 함수 $\psi\colon H \to G$가 매립함수 (embedding), 즉 $\psi(H)$가 G로부터 물려받은 위상을 갖추었을 때 국한 함수 $\psi\colon H \to \psi(H)$가 위상동형 (homeomorphism)이다.

---

[10] 두 리 부분군 $\psi\colon H \to G$, $\psi'\colon H' \to G$가 일치한다는 것은 조건 $\psi = \psi' \circ \eta$를 만족하는 리군 동형 $\eta\colon H \to H'$가 존재함을 말한다.

(2) **(H, ψ)가 닫힌 리 부분군이다, 즉 $\psi(H)$가 G의 닫힌 부분집합이다.**

이 정리들의 증명은 어렵지는 않지만, 자명하지 않으며, 사실은 상당한 주의를 요한다.[11]

---

[11] F. Warner (1971, 1983), Foundations of differentiable manifolds and Lie groups; p. 95–98에서 비교적 상세한 증명을 볼 수 있다..

6.7 행렬 리군과 행렬 리 대수

리군 및 리대수 이론의 중요한 보기로 등장했던 행렬군과 행렬 대수는 아주 자연스러운 지수함수를 원래부터 가지고 있었다. 실수함수 e^t의 테일러 급수를 이용하여 만들어지는 행렬의 급수

$$\begin{aligned} e^{tA} &= I + tA + \frac{1}{2!}t^2A^2 + \frac{1}{3!}t^3A^3 + \cdots \\ &= I + \sum_{k=1}^{\infty} \frac{t^kA^k}{k!} \end{aligned} \tag{6.2}$$

가 임의의 $A \in \mathfrak{gl}(n, \mathbb{R})$와 임의의 $t \in \mathbb{R}$에 대해 성립하고, 이 급수의 수렴반경이 무한히 크기 때문에 잘 정의되는 이 함수가 그것인데, 이 함수는 존재하는 데에서 그치지 않고

$$\begin{gathered} e^{0A} = I, \quad \left.\tfrac{d}{dt}e^{tA}\right|_0 = A, \\ e^{s(tA)} = e^{(st)A}, \quad e^{(s+t)A} = e^{sA}e^{tA} \end{gathered}$$

등의 성질을 모두 만족한다. 따라서 함수

$$A \mapsto e^A \colon GL(n, \mathbb{R}) \to \mathfrak{gl}(n, \mathbb{R})$$

이 잘 정의되며 실제로 앞에서 정의한 리군의 지수함수 exp와 같지 않을까 하는 생각이 들게 될 것이다. 실제로 그렇기는 하지만 이런 생각을 수학적으로 정확하게 정립하려면 $GL(n, \mathbb{R})$의 리 대수와 $\mathfrak{gl}(n, \mathbb{R})$ 사이의 관계를 명확히 해야 한다. 아래 **정리 6.7.1**과 그 정리를 포함하는 예를 보고 나면 명확한 결론을 내릴

수 있을 것이다.

이론을 더 전개하기에 앞서 잠깐 기술적인 정리들을 수립하기로 하자. 함수 $A \in \mathfrak{gl}(n, \mathbb{R}) \to e^A \in \mathfrak{gl}(n, \mathbb{R})$가 미분가능하며 동시에 함수 det, tr (행렬식 determinant; 대각합 trace) 등도 미분가능하기 때문에 미적분학과 선형대수학의 정리를 이용하면 아래 성질들이 쉽게 도출된다.

1. $C \in GL(n, \mathbb{R})$ **이면** $C^{-1}e^AC = e^{C^{-1}AC}$ **가 성립한다.**

이 명제의 증명은 $C^{-1}A^kC = (C^{-1}AC)^k$가 성립하기 때문에, 위에 소개한 e^{tA}의 급수표현과 수렴반경에 의한 이해로부터 바로 얻어진다.

2. $\det e^A = e^{\operatorname{tr} A}$.

이 명제의 증명은 A가 삼각행렬 (upper or lower triangular matrix) 인 경우에는 당연히 성립한다. 일반적인 경우는, 그러므로, 위의 1번 성질과 조르단 표준형 (Jordan normal form) 정리를 사용하면 바로 도출된다.

3. $\det e^A \neq 0$, **따라서** $\exp(\mathfrak{gl}(n, \mathbb{R})) \subset GL(n, \mathbb{R})$ **가 성립한다.**

이 성질은 위 2번 명제에 의해 바로 증명된다.

4. 이제 리군과 리 대수 이론에 맞추어 방금 소개한 내용을 보다 자세히 조명하고 해석하고 정리하려고 한다. 우선 행렬의 (i, j) 번째 항을 읽는 좌표함수를 x_{ij}로 쓰기로 하고, $G = GL(n, \mathbb{R})$에 대응되는 리 대수를 $\mathfrak{g}$로 표시하자. 단위행렬 I를 e로 표시하고, 함수 $\alpha\colon T_e(GL(n, \mathbb{R})) \to \mathfrak{gl}(n, \mathbb{R})$를 (i, j)

번째 원소에 대한 관계식

$$\alpha(v)_{ij} = v(x_{ij})$$

로 정의하고, 계속해서 함수 $\beta\colon \mathfrak{g} \to \mathfrak{gl}(n, \mathbb{R})$을

$$\beta(X) = \alpha(X_e), \forall X \in \mathfrak{g}$$

로 정의하기로 하자. 그러면 아래 정리가 성립한다.

정리 6.7.1

$$\beta([X,Y]) = \beta(X)\beta(Y) - \beta(Y)\beta(X), \quad \forall X, Y \in \mathfrak{g}.$$

증명. 우선 임의의 $\sigma, \tau \in GL(n, \mathbb{R})$에 대하여, 등식

$$(x_{ij} \circ \ell_\sigma)(\tau) = x_{ij}(\sigma\tau) = \sum_k x_{ik}(\sigma) x_{kj}(\tau)$$

가 성립하는데, Y가 왼불변벡터장이므로 계속하여

$$\begin{aligned}
(Y(x_{ij})|_\sigma &= d\ell_\sigma(Y_e)(x_{ij}) \\
&= Y_e(x_{ij} \circ \ell_\sigma) = Y_e(\sum_k x_{ik}(\sigma) x_{kj}) \\
&= \sum_k x_{ik}(\sigma) Y_e(x_{kj}) = \sum_k x_{ik}(\sigma) \alpha(Y_e)_{kj} \\
&= \sum_k x_{ik}(\sigma) \beta(Y)_{kj}
\end{aligned} \tag{6.3}$$

가 성립한다는 것을 알 수 있다. 이제 이 등식을 사용하면,

$$\begin{aligned}\beta([X,Y])_{ij} &= X_e(Y(x_{ij})) - Y_e(X(x_{ij})) \\ &= \sum_k \{X_e(x_{ik})\beta(Y)_{kj} - Y_e(x_{ik})\beta(X)_{kj}\} \\ &= \sum_k \{\beta(X)_{ik}\beta(Y)_{kj} - \beta(Y)_{ik}\beta(X)_{kj}\} \\ &= [\beta(X), \beta(Y)]_{ij}\end{aligned} \tag{6.4}$$

를 얻는데, 이것으로 증명이 완결된다. □

이 정리의 결과로 위에 소개한 행렬 리군 $GL(n,\mathbb{R})$의 리 대수가 행렬 리 대수 $\mathfrak{gl}(n,\mathbb{R})$과 자연스럽게 리 대수 동형관계에 있음이 분명해졌고, 등식

$$\exp(A) = e^A, \quad \forall A \in \mathfrak{gl}(n,\mathbb{R})$$

가 성립한다는 명제의 의미도 확실해졌다. 이어서 아래 결과도 얻게 된다.

5. V가 n차원 $\mathbb{R}$ 이 벡터공간의 자기동형군

$$GL(V) := \{f\colon V \to V \mid \text{선형동형}\}$$

와 자연스럽게 고려되는 대상인

$$\mathfrak{gl}(V) := \{f\colon V \to V \mid \text{선형함수}\}$$

를 생각할 수 있다. 바로 위의 결과를 사용하면 역함수와 함수의

합성을 연산으로 하면 $GL(V)$가 군이 되며 그의 리 대수는 $\mathfrak{gl}(V)$ 연산 $[a,b]=a\circ b-b\circ a$에 의해 이루는 리 대수와 동형임을 알 수 있다.

6. 위의 두 예에서 $\mathbb{R}$을 복소수체 $\mathbb{C}$로 바꾸어도 정확히 평행한 결론을 얻게 된다.

7. **자충수 기법** (Dyadic number trick). 대수방정식을 통해 정의되는 행렬군의 경우 리 대수를 계산하는 편리한 방법이 알려져 있으므로 이를 소개한다. 즉 ε은 0이 아니며 나눌 수 있는 "수"이지만 $\varepsilon^2=0$를 만족하는 "수"라고 두자. [12]

이제 $n\times n$ 직교행렬들의 집합

$$O(n)=\{A\in\mathfrak{gl}(n,\mathbb{R})\colon AA^T=I\}$$

을 생각하자. 여기서, A^T는 행렬 A의 전치행렬 (transpose)이다. 이 집합은 $GL(n,\mathbb{R})$의 닫힌 리 부분군이다. 리 대수를 계산하기 위해서는 $O(n)$을 정의하는 공식에 A 대신 $I+\varepsilon B$를 대입하여

$$\begin{aligned}I&=(I+\varepsilon B)(I+\varepsilon B)^T\\&=I+\varepsilon B+\varepsilon B^T\end{aligned}$$

을 얻으며, 이를 정리하면

$$B+B^T=0$$

[12] $\mathbb{R}[x]/(x^2)$이 $\mathbb{R}[\varepsilon]$과 $x+(x^2)\mapsto\varepsilon$에 의해 동형 관계에 있고, 이 집합은 체를 이룬다.

를 얻는다. 이로부터 $O(n)$의 리 대수가 $\mathfrak{gl}(n, \mathbb{R})$의 리 부분대수로서

$$\mathfrak{o}(n) = \{B \in \mathfrak{gl}(n, \mathbb{R}) \colon B^T = -B\}$$

라는 결론에 도달한다.

물론 이 계산은 접공간 $T_e O(n)$을 계산하는 기법을 간략화 한 것이며 따라서 이런 계산 방법이 정당하다는 것도 어렵지 않게 증명할 수 있다. 자세한 증명은 독자에게 연습문제로 남긴다.

같은 방법으로 몇 가지 경우를 정리해 기록해 둔다.

8. 유니타리 군 (unitary group)

$$U(n) = \{A \in GL(n, \mathbb{C}) \colon A\overline{A^T} = I$$

의 리 대수는

$$\mathfrak{u}(n) = \{B \in \mathfrak{gl}(n, \mathbb{C}) \colon B^T = -\overline{B}\}$$

이다.

9. 특수 선형군 (special linear group)

$$SL(n, \mathbb{R}) = \{A \in GL(n, \mathbb{R}) \colon \det A = 1\}$$

의 리 대수는

$$\mathfrak{sl}(n, \mathbb{R}) = \{B \in \mathfrak{gl}(n, \mathbb{R}) \colon \operatorname{tr} B = 0\}$$

이다.[13] 이 밖에도 좋은 예가 많지만 여기에서 줄인다.[14]

---

[13]자충수 기법을 사용하려면 방정식 $\det(I+\varepsilon B)=1$을 생각해야 한다. 이 식에서 B를 조르단 표준형을 이용하여 나타내면 방정식 $\operatorname{tr} B=0$을 얻을 수 있다.

[14]A. Besse (1987, Reprint in Classic in Math. 2008), Einstein manifolds (Springer-Verlag)를 보면 거의 완전한 목록이 들어 있다.

6.8 딸림함수와 리군의 표현

G가 리군이고 대응하는 리 대수를 $\mathfrak{g}$라 하고 임의의 원소 $\sigma \in G$가 주어졌다고 하자. 다음 장에서 다양체에 작용하는 리군의 역할과 예를 배우게 되는데, 그 관점에서는 아주 자연스럽지만 여기에서는 조금 뜬금없을 수도 있는, 그러나 한편으로는 자연스러운 함수

$$a_\sigma \colon G \to G \colon \tau \mapsto \sigma\tau\sigma^{-1}$$

를 생각하기로 하자. 이 함수가 리군 G의 동형이기 때문에 그 미분 $da_\sigma \colon T_eG \to T_eG$은 리 대수 동형이다. 따라서 대응관계

$$(\sigma \in G) \mapsto (da_\sigma \in GL(\mathfrak{g}))$$

가 정의하는 함수를 $\mathrm{Ad} \colon G \to GL(\mathfrak{g})$로 쓰기로 하자. 이 함수의 미분을 생각하면 이제 $\mathfrak{g}$의 원소를 $\mathfrak{gl}(\mathfrak{g})$의 원소에 대응시키는 함수, 특히 기호

$$\mathrm{ad} \colon \mathfrak{g} \to \mathfrak{gl}(\mathfrak{g})$$

로 쓰는 함수를 얻는다. (지금 잠시 동안은 $\mathfrak{g}$를 단순히 $\mathbb{R}$ 벡터공간으로만 보고 있다.) 이것이 유명한 **리군 G에 정의되는 딸림 (표현) 함수** (adjoint representation map)이다.

보충 6.8.1 '표현 함수' 또는 '표현'이라는 용어는 수학 전반에 등장한다. 연구하려는 대상을 연구자에게 비교적 익숙한 대상과 연관을 짓기 위해 사용되는 함수들을 지칭하는 개념이다. 리 대수 중에서는 행렬 리 대수 $\mathfrak{gl}(n, \mathbb{R})$이 이 분야 연구자들에게 가장 (!) 익숙하다고 여겨지기 때문에, 주어진 (추상) 리 대수 $\mathfrak{g}$

에 대하여 리 대수 준동형 $\alpha\colon \mathfrak{g} \to \mathfrak{gl}(n,\mathbb{R})$이 주어지면 이것을 **리 대수 $\mathfrak{g}$의 표현** (representation)이라고 부른다. 이런 관점에서 리군의 표현 (예를 들어 $GL(n,\mathbb{R})$로 들어가는 리군 준동형) 등도 자연스럽게 고려할 수 있다. 각종 표현과 그 응용 등에 관한 연구는 상당히 이루어져 있으며, 일반적으로 이런 연구의 결과를 집대성한 이론을 **표현론** (representation theory)이라고 부른다.

6.9 리군의 작용과 동질다양체

리군은 아니더리도 리군과 같이 국소적으로 동질성을 가지는 다양체가 있다. 이들은 미분다양체이면서 리군이 "추적가능한 작용"을 하고 있는 대상인데, 역시 미분다양체 이론의 기본 예들을 이룬다. 이 마디의 목표는 이들에 대하여 조금이라도 배워 보려는 것이다.

6.9.1 군의 작용

군 (group) G의 항등원 (the identity element)을 e로 쓰기로 하자.

정의 6.9.1 집합 X와 군 G가 주어졌다고 하자. 임의의 $x \in X$와 임의의 $g_1, g_2 \in G$들에 대하여 아래 두 조건

(1) $a(e, x) = x.$

(2) $a(g_1, a(g_2, x)) = a(g_1 g_2, x).$

를 만족하는 함수 $a\colon G \times X \to X$가 존재하면, **군 G가 집합 X에 작용한다** (The group G acts on the set X) 라고 말하고 a를 **X에 대한 G의 작용** (an action of G on X)이라고 부른다.

혼동의 위험이 없으면, 대개는 작용함수 a를 생략하고 기호

$$gx := a(g, x), \quad g \in G, x \in X$$

를 사용하는 것이 일반적이다. 우리도 이 전통을 따르겠다. 그러면 위의 두 조건 (1)과 (2)도

$$ex = x, \quad g_1(g_2x) = (g_1g_2)x$$

로 표시하게 된다. 계속해서 이론 전개에 필요한 개념을 소개한다.

정의 6.9.2 (궤도 orbit) 점 $x \in X$에 대하여 집합

$$Gx := \{gx \in X : g \in G\}$$

를 x**의 궤도**(orbit of x (보다 정확하게는 **군 G의 작용에 의한 점 x의 궤도** (the orbit of x under the action of the group G 라고 부른다.

계속해서 생각할 개념을 소개한다.

정의 6.9.3 (부동부분군 isotropy subgroup) 점 $x \in X$에 대하여 집합

$$G_x := \{g \in G : gx = x\}$$

은 G의 부분군을 이루는데 (증명은 아주 쉽다. 연습문제로 돌린다.) 이것을 **점 x의 부동부분군** (the isotropy subgroup at x) 이라 부른다. [15]

[15] 부동부분군이 X 위의 모든 점을 고정하지는 아니한다.

문제 6.9.1 왼 나머지류(left coset)들의 집합 G/G_x와 궤적 Gx가 함수 $\varphi\colon g \in G \mapsto gG_x$에 의해 일대 일 대응관계에 있음을 증명하여라.

6.9.2 동질다양체

지금부터는 주 관심사를 리군 G가 매끄러운 m차원 다양체 M에 작용하며 작용함수 $G \times M \to M$이 매끄러운 함수일 경우로 제한한다.

그러면 첫 번째 관심사는 동질다양체인데, 정의는 아래와 같다.

정의 6.9.4 리군 G가 매끄러운 다양체 M에 매끄럽게 작용할 때 (즉, 작용함수 $G \times M \to M$이 매끄러운 함수일 때) 만일 등식 $Gp = M$이 성립하는 점 $p \in M$가 존재하면, 다양체 M을 **동질다양체** (homogeneous manifold)라고 부르고, 이런 경우 작용 $G \times M \to M$을 **추적가능한 작용** (transitive action)이라고 부르기로 한다.

도움정리 6.9.1 **부동 부분군 G_x는 리군 G의 닫힌 부분군이다.**

정리 6.9.2 **자연스럽게 정의되는 투영함수**(natural projection) **$\pi\colon g \in G \mapsto gG_x \in G/G_x$를 따라 집합 G/G_x에 몫공간 위상** (quotient topology)**을 주면 G/G_x가 M과 위상 동형 관계에 있게 되며, 따라서 이 두 공간이 서로 미분동형인 매끄러운 다양체가 된다.**

정리 6.9.3 리군 G의 닫힌 부분군 H가 주어졌다고 하자. 그러면 몫공간 G/H은 매끄러운 동질공간이 된다. 정확하게 말하자면, 두 조건

(1) **관계식 $\pi(g) = gH$로 정의되는 투영 $\pi\colon G \to G/H$가 매끄러운 함수이다.**

(2) **임의의 $gH \in G/H$에 대하여 이 원소를 포함하는 열린 근방 W와 관계식 $\pi \circ \sigma = \mathrm{id}$를 만족하는 매끄러운 함수 $\sigma\colon W \to G$가 존재한다.**

가 성립하게 하는 C^∞급 미분구조가 G/H에 정확히 하나 존재한다.

동질다양체는 얼마나 많을까? 중요한 예를 몇 개만 들어보자.

1. $O(n)$**의 작용**. n차원 벡터공간 V에 내적 $\langle\ ,\ \rangle$이 주어져 있다고 하자. 이제 단위직교기저 (orthonormal basis) $e_1, \ldots, e_n$와 또 다른 단위직교기저 $e_1', \ldots, e_n'$에 대하여 선형함수

$$A(\lambda_1 e_1 + \cdots + \lambda_n e_n) = \sum_{i=1}^{n} \lambda_i e_i'$$

는 당연히 임의의 $i \in \{1, \ldots, n\}$에 대하여 조건 $A(e_i) = e_i'$를 만족하며, 따라서 $A \in O(n)$가 성립한다. 이제 단위구

$$S^{n-1} := \{v \in V\colon \langle v, v\rangle = 1\}$$

을 생각하면 작용 $O(n) \times S^{n-1} \to S^{n-1}$이 자연스럽게 얻어지는데, 이 작용이 추적 가능(transitive)하다는 것은 어렵지 않게 확인할 수 있다. 연습문제로 둔다.

이제 부동부분군(isotropy subgroup) $H = O(n)_v$를 계산해 보자. $v \in S^{n-1}$을 고정한 다음 단위직교기저 $v = f_1, f_2, \ldots, f_n$을 선택할 수 있으므로 $h \in H$는 이 단위직교기저에 의한 행렬로는 제1행 제1열 원소가 1이고 제1열의 원소와 제1행의 나머지 원소들이 0이 되며, 이를 제외한 $(n-1) \times (n-1)$ 부분행렬 h'로 표시되는데, $h \in O(n)$ 조건이 즉시 조건 $h' \in O(n-1)$를 도출해 낸다. 그러므로

$$S^{n-1} = O(n)/O(n-1) \quad \text{(미분동형)}$$

이 성립함을 알 수 있고, 기대했던 바와 같이 동질다양체 S^{n-1}을 리군의 몫공간으로 표시하였다.

2. $U(n)$ **및** $SU(n)$**의 작용과 홀수 차원 구면** S^{2n-1}. 이번에는 복소 n차원 벡터공간 W에 에르미뜨 내적(Hermitian inner product) $\langle\ ,\ \rangle$이 주어져 있는 경우를 생각해 보자. 이번에는 복소 단위직교기저를 다른 복소 단위직교기저에 대응시키는 복소 선형사상들이 유니타리군(unitary group)을 이룬다. 따라서 집합

$$\{w \in W : \langle v, v \rangle = 1\}$$

는 실수차원 $2n-1$ 단위구면 S^{2n-1}과 미분동형이고, 작용 $U(n) \times S^{2n-1} \to S^{2n-1}$은 추적가능하다는 것이 쉽게 확인된다. 바로 위의 경우와 같이 부동부분군을 계산해 보면 $U(n-1)$

과 리군으로서 동형이므로 동질다양체의 표현

$$S^{2n-1} = U(n)/U(n-1)$$

을 얻게 된다.

같은 방법으로

$$S^{2n-1} = SU(n)/SU(n-1)$$

도 얻어낼 수 있는데, 이 표현은 특히 $n = 2$ 인 경우에 재미있는 결과를 만들어 낸다. $SU(1)$ 을 구성하는 원소는 1×1 이며, 원소가 1인 것 하나밖에 없으므로 이는 자명 부분군 (trivial subgroup) 이고 따라서

$$S^3 = SU(2) \quad (\text{미분동형})$$

를 얻는다. 그러므로 **실수 3차원 구면** S^3 **은 리군 구조를 가진다**는 사실을 알 수 있다.

3. **실 사영공간** $\mathbb{RP}^n$. 실 사영공간 $\mathbb{RP}^n$ 에는 $n+1$ 차원 구면 S^{n+1} 로부터 2대 1 피복을 주는 함수 $\pi\colon S^{n+1} \to \mathbb{RP}^n$ 이 존재한다. 따라서 이전의 예와 비슷한 방법으로 작용 $SO(n+1) \times \mathbb{RP}^n \to \mathbb{RP}^n$ 을 구성할 수 있다. 다만 부동부분군의 계산이 좀 달라지는데 이것도 첫 $n \times n$ 부분행렬은 $O(n)$ 의 원소이고 마지막 1×1 부분행렬을 앞의 원소의 행렬식 값으로 주는 행렬로

구성된다. 따라서 미분동형

$$\mathbb{RP}^n = SO(n+1)/O(n)$$

로 동질다양체 표현이 주어진다.

4. 복소 사영공간 $\mathbb{CP}^n$. 바로 앞의 예와 매우 비슷하다. 자세한 것은 독자가 스스로 확인해 보도록 두고 $SU(n+1)$의 작용을 정의한 다음 부동부분군을 계산하면 $U(n)$과 리군 동형인 부분군임을 알 수 있으므로 미분동형 표현

$$\mathbb{CP}^n = SU(n+1)/U(n)$$

을 얻게 된다.

5. 그라스만 다양체 $Gr(k,n)$. 이번에는 n차원 벡터공간 V 안에 있는 모든 k차원 부분공간들의 집합 $Gr(k,n)$을 생각해 보자. 미분동형으로서 $Gr(1,n) = \mathbb{P}^{n-1}$가 성립하는 것은 앞에서 이미 공부했는데, 일반적인 $k \leq n$의 경우에는 어떤 공간을 얻게 될까?

일단 작용 $O(n) \times Gr(k,n) \to Gr(k,n)$에서 출발해 보자. 이 작용은 물론 자연스럽게 정의될 뿐만 아니라 추적가능한 것까지 금방 확인할 수 있다. 그렇다면 부동부분군은 어떻게 생겼을까? 이를 위해 k차원 부분공간 P를 선택하자. 그러면 $O(n)$의 원소로서 P를 "고정하는" 원소라는 것은 부분공간 P를 보존할 뿐 그 원소 하나 하나를 고정하자는 않는다는 점을 생각해야 한다. 따라서 이 원소는 P의 단위직교좌표계를 또

다른 단위직교좌표계에 대응시키고, 또한 P의 직교 여공간 (orthogonal complement)을 "보존하는" 작용을 하게 된다. 따라서 P의 부동부분군은 $O(k) \times O(n-k)$와 리군으로서 동형이 됨을 알 수 있고, 이로부터 미분동형 표현

$$Gr(k,n) = O(n)/(O(k) \times O(n-k))$$

를 얻게 된다. 그렇다면 이 다양체의 차원은 얼마나 되겠는가? $O(n)$의 리 대수를 계산했던 결과를 사용하여 차원이 $n(n-k)$와 같다는 것을 얻는 것은 독자를 위한 연습문제로 돌린다.

리군과 그 작용에 연관된 아름답고도 유용한 결과는 더 많으나, 어디에선가는 멈춰야 한다. 이쯤에서 당초 목표로 했던 겉핥기는 어느 정도 성취한 듯하므로, 이 대목에서 이 책을 맺기로 한다.

7 부록: 연습문제 힌트

이 책의 연습문제는 본문 내용을 충실히 이해하였으면 대부분 다 풀 수 있어야 한다고 생각한다. 그러나 몇 문제의 경우 귀띔이 조금 있어 나쁠 게 없다는 생각에서 이 부록을 붙인다.

1.2.1 $GL(n,\mathbb{C})$가 연결되어 있다는 증명은 조금 노력을 필요로 한다. 역원을 가지는 정방행렬을 기본행렬(elementary matrix)로 나타내는 가우스 환원법 (Gaussian reduction)을 회상해 보면 각각의 기본 복소행렬들은 모두 단위행렬에 $GL(n,\mathbb{C})$ 안에서 곡선으로 연결된다. 따라서 이 곡선을 "붙여" $GL(n,\mathbb{C})$이 소위 곡선연결가능 (pathwise connected) 공간임을 증명할 수 있다.

1.4.1 북극점 $p=(0,\ldots,0,1)$과 구면 위의 점 $x=(x_1,\ldots,x_{n+1})$이 주어졌을 때 입체투영함수 $\varphi\colon S^n \to \mathbb{R}^n\times\{0\}$를 관계식 $\varphi(x)=x=(y_1,\ldots,y_n,0)$으로 쓰면, 방정식

$$x = ry + (1-r)p, \|x\|^2 = 1$$

가 만족되어야 한다. 그러면 $x_1=ry_1,\ldots,x_n=ry_n,x_{n+1}=1-r$이어야 하고 동시에 $r^2(y_1^2+\cdots+y_n^2)+(1-r)^2=1$이 성립해야 하는데 $r\neq 0$이기 때문에

$$r\|y\|^2 = 2-r$$

를 얻고 이로부터 바로 $r = \frac{2}{1+\|y\|^2}$ 를 얻으며 즉시

$$x_j = \frac{2y_1}{1+\|y\|^2}, \quad \forall j = 1, \ldots, n$$
$$x_{n+1} = \frac{\|y\|^2 - 1}{\|y\|^2 + 1}$$

를 얻는다. 이 식이 $x = \varphi^{-1}(y)$를 설명한다. 따라서 남극 $q = (0, \ldots, 0, -1)$를 제외한 집합 $U := S^n \setminus \{p\}$로부터 정의되는 함수 $\varphi\colon U \to \mathbb{R}^n$을 얻는다. (계산은 생략한다.) 같은 방법으로 위상동형 $\psi\colon S^n \setminus \{q\} \to \mathbb{R}^n$을 얻은 다음 마지막으로 $\psi \circ \varphi^{-1}\colon \mathbb{R}^n \setminus \{0\} \to \mathbb{R}^n \setminus \{0\}$과 그 역함수를 계산하여 각각이 $\mathcal{C}^\infty$급 함수임을 보이면 된다.

1.4.3 함수 $\psi(t) = \sqrt[3]{t}$가 미분동형이 된다.

1.4.4 원점이 두 개인 직선이 좋은 예다. 참고로, 원점이 두 개인 평면도 마찬가지다.

2.7.1 각 점 주변에 리만 구조를 국소좌표계를 이용하여 옮겨 심은 다음, 매끄러운 단위분할을 곱하여 더하면 된다.

2.7.4 미분 df_0이 선형동형이 되어야 하는데, 그러면 접공간의 차원이 달라 모순에 도달한다.

2.7.5 이런 점 p가 없다고 가정하여 보자. 이제 역함수정리를 사용하면, $f(M)$이 열린 집합임을 증명할 수 있다. 한 편, $f(M)$이 콤팩트이므로 $f(M) = \mathbb{R}^n$가 성립해야 하지만 이것은 명백히 모순이다. 그렇지만, 이 명제는 역함수 정리 없이도 증명이

가능하다. 이 경우 귀류법을 쓰지 않아도 증명이 된다. p를 M의 점 중에서 원점에서 가장 먼 점으로 선택하여 보아라.

3.2.3 함수 $\psi \mapsto X_p(Y\psi)$가 향미분이 만족해야 할 두 번째 조건, 즉 라이프니츠 공식을 만족하지 못한다.

3.4.2 $\mathbb{R}^{2n+2} \setminus \{0\}$ 위에 정의되는 벡터장

$$\sum_{k=0}^{n} \Big(- x_{2k+2} \frac{\partial}{\partial x_{2k+1}} + x_{2k+1} \frac{\partial}{\partial x_{2k+2}} \Big)$$

를 이용해 보아라. (이 벡터장을 어떻게 찾았을지 생각해 볼 만하지 않은가?)

3.4.9 역함수를 사용하여 당기는 방법을 사용할 수 있으면 가장 쉽다.

3.4.14 국소좌표계를 이용하여 양변이 같음을 보이는 무식한(?) 증명도 가능하다.

3.4.16 기본적으로 음함수/역함수 정리를 사용하는 문제이다.

3.4.18 기저(basis)의 성질을 사용하는 선형대수 문제이다.

4.8.1 국소적인 문제이다. 따라서 Q를 단면으로 생각하고 이를 한 점으로 투영하는 함수 π를 생각한 다음 $\pi \circ f$에 음함수 정리를 적용해 보면 증명이 보일 것이다.

4.8.7 조밀성은 비둘기집의 원리 (pigeon hole principle)에 의해 증명된다.

5.1.2/ 5.1.3 쌍대 접다발이 미분다양체가 됨을 증명한 내용을 복습하고, 비슷한 증명을 하려고 해 보면 될 것이다.

5.5.1 이 문제의 답 보다는 다른 문제를 소개하려고 한다. 복소 사영공간은 모두 방향성을 가진다. 증명할 수 있겠는가? (사실은 모든 복소 다양체가 방향성을 가진다.) 더 놀라운 점은 임의의 복소 사영공간이 단순연결 되어 있다는 사실일 것이다. 이 연습문제와, 방금 설명한 문제의 답을 찾아 보려면 대수적 위상수학 서적을 참조하여라. (Cell-decomposition를 검색 키워드로 사용해 보아라.)

5.5.3 드람 정리를 사용하지 않고 직접 증명을 하는 방법에서 얻는 바가 많다. 닫힌 1형식이 주어졌을 때 이 형식을 완전 1형식으로 만들기 위해 어떤 조작이 필요한지 생각해 보아라. (복소함수론의 로그 함수와 관련이 깊다.)

5.5.6 완전미분형식은 스톡스 정리에 의해 어떤 적분을 반드시 0이 되게 한다는 점을 이용하여라.

찾아보기

기 하 학 연 구 서 시 리 즈

1 리만 기하학

2 미분다양체론

3 복소해석기하학(다변복소함수론)

25년이 넘는 기간 동안 복소기하학을 연구하며, 박사들을 양성하고 세계 각국의 여러 연구자를 지도해 온 저자는 이제, 그동안 축적한 경험과 지식을 기하학연구서 시리즈 세 권의 책으로 본격적인 연구에 들어가기 위한 고급 입문서를 펴내고 있다.

미분다양체론은 이미 출판된 리만기하학에 이은 3권 시리즈의 두 번째이며, 세 번째는 복소함수론과 미분기하학이 어우러진 복소미분기하학이 중심 주제가 될 것이다.

김강태

- University of California at Los Angeles 박사 (수학)
- Brown University (미국) 수학과 조교수
- 포항공과대학교 제1대 권경환 석좌교수
- 현재, 포항공과대학교 수학과 교수
- 현재, Journal of Geometric Analysis 편집위원
- 현재, Complex Analysis and Synergies 편집이사
- 현재, 선도연구센터 기하학연구센터 센터장

기하학연구서 시리즈 • 2

미분다양체론

2015년 4월 15일 초판 발행
2023년 11월 15일 초판 2쇄 발행

저　자 | 김강태
발행자 | 오판근
발행처 | ㈜교우

주　소 | 서울특별시 동대문구 약령시로 8 교우빌딩 2층
전　화 | 02)925-2861(대표), 02)925-2825(편집부), 02)969-5762(홈쇼핑)
팩　스 | 02)925-2860

이메일 | kyowoo@kyowoo.co.kr
홈페이지 | http://www.kyowoo.co.kr
북스토어(쇼핑몰) | http://www.kyowoo.co.kr

등록 | 1994. 3. 24 제6-0256호

ISBN 979-11-251-0094-2 (94410)
979-11-251-0067-6 (세트)

값 22,000 원